W0086879

Hecht-El Minshawi
Interkulturelle Kompetenz

Über die Autorin:

Dr. Béatrice Hecht-El Minshawi ist Expertin für interkulturelle Geschäftsbeziehungen und Diversity-Kompetenz und Geschäftsführerin von interkultur in Bremen. Sie studierte Sozialwissenschaften (Psychologie, Pädagogik, Soziologie) mit dem Schwerpunkt Interkulturelle Kompetenz und Internationalisierung. Nach langjährigen Auslandsaufenthalten als Fachkraft und später als Führungsperson in internationalen Projekten in asiatischen und arabischen Ländern war sie auch längere Zeit in Australien und den USA tätig.

Seit 35 Jahren ist sie eine renommierte interkulturelle Beraterin und Trainerin, die den Anforderungen des internationalen Marktes an Trends und Konzepten oft voraus ist. Sie ist Autorin vielfältiger Publikationen und Fachbücher zu diversen Kulturräumen und verschiedenen Themen der Interkulturellen und Diversity-Kompetenz.

Ihre Tätigkeitsschwerpunkte als Coach und Trainerin sind die Vorbereitung auf internationale Geschäftsbeziehungen, Entwicklung multikultureller Teams sowie Mediation für weltweit tätige Führungskräfte und Fachpersonal. Ihr Engagement ist vielseitig und besonders auf die kulturelle Vielfalt in Organisationen gerichtet. Sie coacht Einzelpersonen, trainiert Gruppen und berät Unternehmen.

Béatrice Hecht-El Minshawi

Interkulturelle Kompetenz

Soft Skills für die internationale Zusammenarbeit

FOR A BETTER UNDERSTANDING

Beltz Verlag · Weinheim und Basel

Wichtige Passagen wurden übersetzt von Shonda Rae Kohlhoff,
Intercultural Trainer, Berlintercultural, www.berlintercultural.com.
Translated by Shonda Rae Kohlhoff, Intercultural Trainer,
Berlintercultural, www.berlintercultural.com

2., überarbeitete und erweiterte Auflage 2008

Lektorat: Ingeborg Sachsenmeier

© 2003 Beltz Verlag · Weinheim und Basel
www.beltz.de
Herstellung: Klaus Kaltenberg
Satz: Druckhaus »Thomas Müntzer«, Bad Langensalza
Druck: Druck Partner Rübelmann, Hemsbach
Umschlaggestaltung: glas ag, Seeheim-Jugenheim
Umschlagfoto: Panther Media GmbH, München
Zeichnungen: Martin Ring, München
Printed in Germany

ISBN 978-3-407-36469-2

Inhaltsverzeichnis
Contents

Danksagung
Acknowledgments

Danken möchte ich meinen vielen internationalen Freundinnen und Freunden, die, wenn wir uns treffen, stets ein Spiegel sind und mich fragen lassen:

- Wer bin ich?
- Wie bin ich?
- Wie typisch deutsch bin ich?
- Wie europäisch?
- Wie international?
- Was habe ich von Menschen aus anderen Ländern gelernt?

I would like to thank my numerous international friends who, whenever we meet, compel me to reflect and ask myself:

- Who am I?
- What kind of person am I?
- How German am I?
- How European?
- How international?
- What have I learned from people from other countries?

Für Führungskräfte und Interessierte
For Managers and Interested Others

Die Informationen, die in diesem Buch zusammengetragen wurden, habe ich aus der langjährigen Kooperation mit vielen Unternehmen und anderen Organisationen gewonnen. In einigen der Institutionen konnte ich in den letzten Jahren zahlreiche Diskussionen und Veränderungsprozesse miterleben und hatte somit das Glück, immer wieder auch etwas Neues mit anzuschieben und so im Mosaik der Interkulturalisierung mitzuwirken. Im Rückblick meiner 35-jährigen Tätigkeit als interkulturelle Trainerin muss ich zugeben, dass sich in einigen Unternehmen sehr viel getan hat. Diese Tatsache reicht aber nicht aus, es muss noch viel mehr getan werden. Denn in vielen Unternehmen hat sich leider nichts verändert. Manche zahlen immer noch eine Menge Lehrgeld, weil sich ihre Auslandsmitarbeiter wie »Elefanten im Porzellanladen« benehmen. Darüber wundern wir interkulturelle Trainer uns immer wieder. Dieses Buch soll daher eine Informationsquelle sein für

● Führungsnachwuchskräfte und Personalverantwortliche,
● Auslandsmitarbeiter/innen (Manager, Expatriates),
● mitreisende Partner/innen,
● Organisationsentwickler und internationale Teamer,
● interkulturelle Trainer/innen,
● Lehrpersonal an Bildungsstätten sowie
● Mitarbeiter/innen, die internationale Kontakte pflegen.

Es präsentiert zwei Ebenen: inhaltliche Aspekte eines Workshops zur Interkulturalisierung eines Unternehmens sowie methodische Hinweise.

Das Buch soll dazu beitragen, den Blick auf »Diversity« zu lenken, die vielfältigen Aspekte der Interkulturalisierung zu erkennen und für das notwendige Training zu plädieren.

8

The information collected in this book has come from many years of cooperation with various companies and organizations. In some of them, I have been lucky enough to initiate discussion and the process of change towards greater interculturalization. As I reflect on my thirtyfive years as an intercultural trainer, I must admit that some companies have made significant intercultural progress. Of course there is much more to be done. Unfortunately, there are also companies where no change has occurred. Many organizations continue to pay exorbitant amounts of money because their untrained employees behave like »bulls in a China closet« during their assignments abroad. Why the companies continue to pay this price instead of providing training is still difficult for us as intercultural trainers to understand. This material is a source of information for

- HR Managers,
- Managers, particularly expatriates,
- Accompanying spouses,
- Organizational development and international team specialists,
- Intercultural Trainers,
- Teachers/Educators and Professors,
- Employees who work with international contacts.

There are two levels presented in this book: Content aspects of a workshop on Interculturalization for a company and methodological tips.

This book aims to draw attention to the value of diversity, to recognize the numerous aspects of interculturalization and to demonstrate the need for training.

Einführung
Introduction

Im Zeitalter zunehmender Internationalisierung ist ein Höchstmaß an Verständigung und Respekt der Menschen füreinander notwendig. Wer im Global-Business erfolgreich sein möchte, in andere Kontinente reist oder in einer fremden Kultur leben will, sollte sich intensiv darauf vorbereiten. Jede Person lebt im eigenen kulturellen Kontext. Kultur ist etwas, was uns anhaftet wie eine Haut. Kulturelles Verhalten ist so selbstverständlich, dass es nicht einfach ist, es zu identifizieren und gegebenenfalls umzulernen. Gewohnte Denk- und Verhaltensweisen und die bloße kognitive Beschäftigung mit fremden Ländern führen daher oft nicht weiter. Neugierde auf andere(s) und die Fähigkeit, sich auf fremde Situationen einzulassen, Selbstreflexion und das Zulassen von Unsicherheit und Widersprüchen sowie die Kompetenz, Missverständnisse auszuhandeln sind Voraussetzungen für ein erfolgreiches internationales Business.

> »Verurteile keinen, in dessen Schuhen du nicht gelaufen bist.«
> *Indianisches Sprichwort*

Unternehmen sind multikulturelle Institutionen, in denen sich Mitarbeiter viele Stunden aufhalten. Sie haben das Bedürfnis, in dieser Zeit anerkannt zu werden und sich wohl zu fühlen. Sie möchten ihre fachlichen Qualifikationen und individuellen Kompetenzen sowie ihre kulturellen Prägungen und Interessen einbringen. Multikulturelle Unternehmen müssen viel für ihre Mitarbeiter tun, um sie zu behalten. Das Sprichwort »Wissen ist Macht« alleine genügt nicht mehr, es muss kommuniziert und sinnvoll verwaltet werden.

Lernen an sich reicht auch nicht mehr, es bedarf einer neuen Lernkultur, auch um Menschen mit anderen kulturellen Lernerfahrungen und Talenten einzubinden und um neue Kompetenzen im Umgang miteinander zu kreieren. Welche Herausforderung für multikulturelle Teams und internationale Unternehmen!

In this age of increasing internationalization, a maximum amount of understanding and respect among people is necessary. Whoever wants to be successful in global business, travel to other continents or live in a new culture, should thoroughly prepare him/herself.

Every person lives in his/her own cultural context. Culture is something that is inherent to us like skin. Cultural behavior is so automatic that it is difficult to identify and especially to unlearn or, if necessary, learn anew. Routine ways of thinking and behaving in cognitive interaction with people from other countries often do not result in success. Interest in and curiosity about others, the ability to dexterously cope with new situations, self-reflection, the acceptance of uncertainty and contradictions and the competence to deftly deal with misunderstandings, are all challenges to successful international business.

> **»Don't judge anyone whose shoes you have not walked in.«**
> *Native American Indian Proverb*

Companies are multicultural institutions where employees must spend a lot of their time. They expect to be recognized and to feel satisfied with their jobs. They would like to contribute their professional skills and individual strengths, cultural characteristics and interests. Multicultural companies must do a lot for their employees in order to retain them. The old saying »Knowledge is power,« is not enough anymore. Today, a person must be able to communicate and effectively manage the knowledge in order to have power.

Learning itself is also not enough, a new learning culture is needed. It can be achieved by bringing together people with diverse cultural learning experience and talents, who can then develop new competence in dealing with one another. A true challenge for multicultural teams and international organizations!

Dieses Buch beschreibt eine Möglichkeit, wie sich internationale Unternehmen und junge Führungskräfte interkulturalisieren können. Es lässt Personen aus verschiedenen Ländern zu Wort kommen und interessante Ideen dazu sammeln. Sie alle sind in einer deutschen Firma tätig, die international agiert. Aus den Erfahrungen in ihrem Unternehmen wissen sie, dass es nicht nur den guten Ruf, sondern auch schon Millionen Euro gekostet hat, weil aufgrund mangelndem interkulturellem Bewusstsein

- Expatriates frühzeitig ihre Verträge gekündigt haben,
- Auslandsgeschäfte wegen kulturellen Fehlverhaltens der Manager geplatzt sind,
- multikulturelle Teams wenig effizient gearbeitet haben.

Diese ausgewählten Personen liefern die Inputs für das Buch. Sie haben großes Interesse daran, den Interkulturalisierungsprozess in ihrem Unternehmen voranzutreiben, denn sie gehen davon aus, dass dies positive Auswirkungen in der gesamten Arbeitsatmosphäre der Betriebe und daher auch auf sie selbst haben wird.

»Es gibt Gründe genug«, ließ kürzlich die Geschäftsleitung verlauten, »um vergleichsweise geringe Investitionen für Maßnahmen zur Interkulturalisierung unseres Unternehmens bereitzustellen. Weitere kostspielige Fehlschläge müssen verhindert werden. Es müssen Bedingungen geschaffen werden, den interkulturellen Prozess zu fördern.«

Dies ist die Vorgeschichte, die »Culture-Puzzles-Group« im Unternehmen einzurichten und die relevanten Personen zu einem Workshop in Melbourne einzuladen.

This book describes one way to make companies and young managers interculturally competent. It will show how people from different countries express their ideas and thoughts and how they collect and synthesize them. These people are all employed by a German firm, which does business internationally. From their experience with their employer, they know that interculturalizing their company is not only a good cause but in fact one that would prevent further financial losses due to intercultural blunders. They have witnessed their company lose not only its good reputation, but also millions of Euros, all resulting from a lack of intercultural awareness

- Expats returning early from their international assignments because they and/or their families were unable to adapt abroad.
- Business relationships brought to an abrupt end due to cultural mistakes by managers.
- Multicultural teams which were not able to work efficiently or successfully.

The selected participants provide the input for this book. They have the greatest interest in implementing the interculturalization process in their organization because they are aware of the positive effects it will have on the work environment as a whole, as well as on their own lives.

»There are enough reasons,« the Board of Directors reported, »to invest in the interculturalization of our company, which outweigh the cost of investment. Further costly mistakes must be prevented. Conditions must be created which will further the interculturalization process in our company.«

This is the background for the creation of the Culture-Puzzles-Group and for their invitation to Melbourne for the workshop.

Steckbriefe
der Delegierten
Brief Descriptions
of the Delegates

Die Personen der Firma B., die am Workshop in Melbourne teilnehmen, sind selbst öfter im Ausland unterwegs und haben auch mit ausländischen Partnern und Partnerinnen am Telefon zu tun oder wenn diese zu Gast kommen. Diejenigen, die nach Australien eingeladen wurden, besitzen die Fähigkeit, ihre Erfahrungen zu relativieren und sich in andere einzufühlen. Einige zeigen ein hohes Maß an Individualität, andere bevorzugen soziale Integration. Die einen leben in Grenzen, andere bevorzugen grenzenlos zu leben. Die Gruppe setzt sich aus jeweils fünf Frauen und Männern zusammen. Der größte Altersunterschied beträgt 38 Jahre, das bedeutet, dass die einzelnen Teilnehmerinnen und Teilnehmer unterschiedlich lange Lebens- und Berufserfahrungen mitbringen. Die meisten sind Führungsnachwuchskräfte. Alle haben es in ihrer Biografie aber mit Lebenssituationen zu tun (oder zu tun gehabt), die kulturelle Grenzüberschreitungen darstellen. In welcher Weise sich diese äußern, berichten sie in den Steckbriefen selbst.

> »Wer die Zukunft nicht bedenkt, macht sich das Schicksal zum Feind.«
> *Arabisches Sprichwort*

> »Whoever fails to consider the future makes fate his enemy.«
> *Arabian Proverb*

Alice McLoughlin

- **Wohnort:** Melbourne, Australien
- **Geboren:** 1958 in Lilydale, Victoria
- **Berufliche Erfahrungen:** Diplom in Psychologie, Promotion in Anthropologie. Schon als junge Frau war ich als Coach in einer australischen Consultingfirma angestellt. Danach absolvierte ich ein Zweitstudium, arbeitete dann als Beraterin in einem asiatischen Unternehmen und bin als Human Resource Manager bei B. tätig.
- **Religion, Spiritualität und Ethik:** Ich bin gläubig, gehöre aber keiner Kirche an.
- **Familien- und Lebenssituation:** Als allein erziehende Mutter eines Sohnes und einer Tochter – mein Partner starb 1999 bei einem Autounfall – pflege ich trotz der vielen Berufs- und Familienarbeit einen großen Freundeskreis und mein Hobby, das Reiten.
- **Eigenschaften:** Andere beschreiben mich als bedacht, klug und freundlich. Im Unternehmen, bin ich recht beliebt. Ich kann Menschen interessieren und motivieren, habe viele und oftmals unkonventionelle Ideen und trete eindeutig anders als andere auf: selbstbewusst und in extravagant-stilvoller Garderobe.
- **Motto (von Ilse Aichinger):** Es kommt einzig darauf an, die Barrieren der Gleichgültigkeit zu durchbrechen.
- **Beschreibung der Menschen in Australien:** Das Bild über Australien ist voller Klischees: ein Land ohne Winter, mit ständig schönem Wetter, das zum Abenteuer im Outback verführt. Menschen, die zur Arbeit nach Australien kommen, treffen auf westliches Leben. Sie wissen, dass wir Englisch sprechen, nett, freundlich und unkompliziert sind. Also denken sie, warum sich auf dieses Land, das europäisch geprägt ist, interkulturell vorbereiten? Wie kommt es aber, dass selbst europäische Führungskräfte, die hier leben, vom Kulturschock sprechen? Wie kann es angehen, dass so viele Missverständnisse im Arbeitsalltag auftreten, die das Geschäft negativ beeinflussen? Warum brechen europäische Mitarbeiter frühzeitig ihre Verträge ab? Das australische Easy-Going-Klischee ist eine Medaille mit zwei Seiten: Dem lockeren und mobilen Leben steht wenig Verbundenheit und Zuverlässigkeit gegenüber, sagen Geschäftsleute aus Europa. Sie stellen fest, dass (viele) Australier dazu neigen, E-Mails nicht zu beantworten, auf Anrufe nicht zu reagieren. Dass Meetings zwar verabredet, kurzfristig dennoch verschoben werden und dass der Ablauf eines Gesprächs weniger ziel- und ergebnisgerichtet läuft, als es Deutsche bevorzugen. Sie behaupten, in Australien herrsche die Tendenz zum »schnellen Dollar« auf Kosten der Qualität.

G'day!

17

Ali Tantowi

- **Wohnort:** Kairo, Ägypten.
- **Geboren:** 1949 in einer der Dachla-Oasen, Zentralägypten.
- **Berufliche Erfahrungen:** Elektriker. Ich war der beste Schüler meiner Klasse in der Oase, half dem Lehrer, der mir immer mehr Verantwortung überließ. Später leitete ich 15 Jahre lang unser Familienunternehmen in Zentralägypten, dann ging ich in die Metropole, um mich als Elektriker ausbilden zu lassen. Seit zehn Jahren bin ich Abteilungsleiter der Firma B. in Kairo.
- **Religion, Spiritualität und Ethik:** Ich bin ein gläubiger Muslim. Islam heißt für mich vollkommene Hingabe an Gott.
- **Familien- und Lebenssituation:** Als Vater von drei Söhnen und zwei Töchtern, die alle eine Ausbildung haben und in Kairo leben, bin ich dankbar, ein regelmäßiges Einkommen zu haben. Ich bin in zweiter Ehe verheiratet und kümmere mich zusammen mit meinem Bruder auch von Kairo aus um das Familienunternehmen in der Oase. Mit meinen Freunden hier in Kairo, verbringe ich viel Zeit in der Moschee.
- **Eigenschaften:** Ich würde mich als gütigen Mann und Vater beschreiben, der seine große Familie und den beruflichen Erfolg genießt und auf den Respekt stolz ist, der mir gegeben wird.
- **Motto (aus dem Orient):** Die Eile ist ein Ding des Teufels.
- **Beschreibung der Menschen in Ägypten:** Ägypter sind stolze Araber und gläubige Muslime. Der Islam ist der wichtigste Teil unseres Lebens. In Kairo tobt das Leben: Wir sind sehr modern, auf altem Fundament ruhend. Unsere alte Kultur wird allseits bewundert, dass wir auch modern sind, scheint Ausländer zu verwundern. Geschäftsleute, die nach Kairo kommen, beobachten verständnislos, dass angeblich Unvereinbares integriert werden kann. Wir neigen dazu, Familie und Beruf zu verbinden. Europäer trennen Beruf und Familie. Sie sprechen von Erfolg und meinen etwas anderes als wir. Ich zum Beispiel denke, wenn es meiner Familie gut geht, kann ich beruflich erfolgreich sein. Erfolg heißt für mich nicht, als Einzelner in einer immer kürzeren Zeit etwas zu erwirtschaften. Warum denken viele ausländische Geschäftsleute nicht daran, dass wir am Freitag unseren Gebetstag haben? Ich würde auch nicht ein Meeting in Europa auf einen Sonntag legen. Am Freitag treffen wir uns in der Moschee und sind mit der Familie und den Freunden unterwegs. Manchmal habe ich den Eindruck, Amerikaner missachten alle Höflichkeitsregeln: Sie bestimmen über unsere Zeit und Moral, über unsere Politik und Wirtschaft. Sie wollen uns ihren Vorstellungen entsprechend formen. Das funktioniert nicht.

Maa Salama!

Bert Hofmeister

- **Wohnort:** Stuttgart, Deutschland.
- **Geboren:** 1953 auf der Insel Langeoog, Norddeutschland.
- **Berufliche Erfahrungen:** Maschinenbau-Ingenieur. Beruflich bin ich quasi im Unternehmen aufgewachsen. Ich bringe allerlei Insider-Wissen mit, da ich meine Ausbildung und gesamte Berufstätigkeit ausschließlich bei B. absolviert habe. Inzwischen bin ich Gruppenleiter in der Produktion
- **Religion, Spiritualität und Ethik:** Ich bin protestantisch, nicht praktizierend, bezeichne mich als moralisch aber nicht moralisierend.
- **Familien- und Lebenssituation:** Seit einigen Jahren lebe ich in Partnerschaft mit einem Mann und habe einen Sohn aus früherer Ehe. Ich habe nach wie vor freundschaftlichen Kontakt zu meiner Ehefrau.
- **Eigenschaften:** Als zielorientierter Mensch bevorzuge ich überschaubare Prozesse und liebe strategische Abläufe. Mein größter Wunsch ist, eines Tages mit dem Motorrad durch Australien und durch Nord- und Südamerika zu fahren. Dafür überweise ich regelmäßig Geld auf mein Reisekonto. Noch immer habe ich den Drang auszubrechen, Grenzen zu überwinden.
- **Motto (aus Deutschland):** Was Hänschen nicht lernt, lernt Hans nimmermehr.
- **Beschreibung der Menschen in Deutschland:** Deutsche mögen Regeln, obwohl sie das oft als Zwänge empfinden. Vielleicht sind wir deshalb die reisefreudigsten Menschen, weil wir im Urlaub ausbrechen können: eine Zwangsmaßnahme aus Zwang! Viele Unternehmen sind schwerfällig und wenig innovativ. Wo bleiben die Visionen, wenn die kreativen Leute auswandern? Was haben wir davon? Meine ausländischen Kollegen finden, dass wir zu ernsthaft und empfindlich sind und uns daher zu schnell verletzt fühlen. Warum wollen wir immer die Besten sein? Warum können wir ein Normalmaß schlecht ertragen? Wir sind so zeit-, ziel- und sachorientiert. Wir sind wenig spontan, dafür aber diszipliniert und distanziert (ausländische Partner sagen »kalt«). Wir sind solide und korrekt, aber umständlich und stehen uns oft selbst im Weg. Wir haben viel geleistet und sind stolz darauf. Auf uns kann man sich verlassen. Aber das ändert sich: Bei jungen Leuten gibt es Singles, die beruflich derart leistungsorientiert sind, dass ich manchmal denke, sie vergessen zu leben. Andere wiederum zeigen genau das Gegenteil und empfinden es als persönliche Niederlage, dem Leistungsanspruch nicht genügen zu können. Sie fallen durch das Raster und der Arbeitsmarkt bietet ihnen nichts an.
- **Ade!**

Carlotta Brunetti

- **Wohnort:** Mailand, Italien.
- **Geboren:** 1969 in Reggio, Süditalien.
- **Berufliche Erfahrungen:** Marketing-Designerin. Bevor ich einen Unfall hatte, war ich fünf Jahre lang selbstständig tätig und mit dem Aufbau einer Werbeagentur beschäftigt. Nach mehreren Krankenhaus- und Reha-Aufenthalten musste ich mein Leben umstellen. Jetzt bin ich für das Produkt-Design bei B. zuständig.
- **Religion, Spiritualität und Ethik:** Dazu möchte ich keine Angaben machen.
- **Familien- und Lebenssituation:** Obwohl ich im Rollstuhl sitze, bin ich in meinem Haushalt selbstständig und kann für mich sorgen. Ich habe eine eigene Wohnung in einer Behinderten-Wohnanlage, in der sofort Hilfe kommen würde, wenn man sie braucht.
- **Eigenschaften:** Ich bin ein typisches Stadtkind. Die Leute wundern sich, dass ich so munter und unternehmungslustig und an vielem interessiert bin. Meine besonderen Merkmale sind Kreativität und Unabhängigkeit. In ruhigen Phasen und um zu mir zu kommen, schreibe ich Kurzgeschichten.
- **Motto (von Lise Meitner):** Das Leben muss nicht leicht sein, wenn es nur inhaltsreich ist.
- **Beschreibung der Menschen in Italien:** Alle Leute lieben »Bella Italia«! Sie essen gerne Pizza und Spaghetti Bolognese. Italienische Speisen sind rund um die Welt beliebt. Wir mögen gerne mit Freunden und Familie zusammen sein. Mehr als drei Italiener zusammen sind schon laut: Sie sprechen »durcheinander«, sagt meine deutsche Freundin. Ich glaube, dass wir immer etwas theatralisch sind. Wir leben in Opern, das Spiel ist tragisch, bunt und laut, und der ganze Körper wird dabei eingesetzt. Auch die Mafia und die Politiker pflegen diesen Stil. Wir sind großzügig mit uns selbst und untereinander. Wir lieben die schönen Dinge und geben dafür viel Geld aus. Auch für Alltäglichkeiten, in denen sich altrömische Stile und die Naturfarben Italiens widerspiegeln. Unsere Design-Künstler schöpfen aus der römischen Kultur, aus dem italienischen Leben und geben uns viel Eleganz. Alles, was hier produziert wird, Kleidung, Geschirr, Möbel und Autos zeigen einen typischen italienischen Stil. Ich meine, dass das Leben leichter ist, wenn man es nicht so geradlinig nimmt. Stelle ich mir das Leben in einer Form vor, sollte sie Rundungen haben, etwas schwingen und ganz bunt sein. Das fände ich normal. Das liegt vielleicht daran, dass wir mehr außerhalb unserer Häuser leben, als Menschen im Norden Europas.

Ciao!

Fleur Libou

- **Wohnort:** Vénissieux, Frankreich.
- **Geboren:** 1969 bei Marseille, Südfrankreich.
- **Berufliche Erfahrungen:** Soziologin. Das Studium habe ich mir durch verschiedene Jobs in diversen Unternehmen finanziert. Dass ich durch ein Sonder-Betriebsprogramm ein Praktikum in Tunis absolvieren konnte, ist so etwas wie ein »Bonbon« für die Anstrengungen, die ich hatte. Seit drei Jahren nun bin ich für die internationale Personalrekrutierung in der Personalabteilung bei B. zuständig
- **Religion, Spiritualität und Ethik:** Ich bin Muslima, praktiziere selten.
- **Familien- und Lebenssituation:** Meine Familie stammt aus Algerien, lebt aber seit Jahrzehnten in Südfrankreich und ist dort in der Landwirtschaft tätig. Ich bin die einzige Tochter und das jüngste Kind von insgesamt sechs. Meine Mutter wollte unbedingt, dass ich studiere. So kam ich in die Stadt und gleichzeitig weit weg von zu Hause und dem Mann, den ich eigentlich hätte heiraten sollen.
- **Eigenschaften:** Ich falle oft auf, weil ich andere Fragen stelle beziehungsweise andere Wege gehe. Das hat die Atmosphäre im Team positiv beeinflusst, berichten die Kollegen. Ich bin wie ein Vogel, muss raus aus den Räumen und genieße es, in der Natur zu sein. Es ist wie ein Drang. Aber Tanzen ist meine Passion.
- **Motto (von Sokrates):** Sprich, damit ich dich sehe.
- **Beschreibung der Menschen in Frankreich:** Sie beziehen alles auf sich, fühlen sich als Nabel der Welt. Paris ist das Zentrum, Südfrankreich die Idylle. Ich komme aus dem Süden, und bin ich in Paris, dann fühle ich mich fremd. Wer bin ich eigentlich? Eine Exotin, eine französische Maghrebinerin aus dem Süden. Franzosen sind konservative Menschen, die Traditionen lieben. Sie lieben Intellektualität und ihre Elite-Schulen, tragen ihre Titel aus Überzeugung und hätscheln egozentrisch ihren Nationalstolz. Den sollten andere auch bestätigen. Die Leute hier sprechen gerne und hören sich gerne sprechen, natürlich nur Französisch. Das ist wie ein Kitt, der soziale Beziehungen schafft. Also erwarten sie es auch von anderen. Wer sich nicht daran hält, kann nicht auf Verständnis hoffen. Kritische Leute in Frankreich stellen in Frage, ob Franzosen wirklich Interesse an Menschen aus anderen Ländern haben. Meine Eltern finden Franzosen arrogant, aber dass sie sich gegen den Einfluss des ordinären Englisch wehren, finden sie auch gut. Die Politiker kümmern sich nicht um Migranten: Das hat den Nachteil der Verarmung, aber auch den Vorteil, das Leben selbst in die Hand nehmen zu müssen. Ich bin wohl doch keine richtige Französin, weil ich keinen Rotwein trinke.

C'est bien!

21

Gloria Alegre

- **Wohnort:** Madrid, Spanien.
- **Geboren:** 1970 in Orense, Westspanien.
- **Berufliche Erfahrungen:** MBA International Business. Nach dem Studium jobbte ich erst in den USA und dann in Deutschland. Vor fünf Jahren konnte ich mich mit meiner Bewerbung bei B. gegen 28 Konkurrenten durchsetzen. Als ich den Job bekam, hatte ich zunächst Angst, überfordert zu werden. Inzwischen bin ich für Personalentwicklungskonzepte zuständig.
- **Religion, Spiritualität und Ethik:** Ich bin streng katholisch aufgewachsen, praktiziere aber nicht.
- **Familien- und Lebenssituation:** Ich habe das Glück, in einem eigenen Apartment im Hause meiner Eltern zu leben. Das wollte ich schon immer, weil ich mich um meine Eltern kümmern möchte. Mit meinen zwei Schwestern bin ich eng verbunden. Ich habe einen sehr großen Freundeskreis, von denen einige gerne zu uns kommen. Dann genießen wir alle die anregenden Gespräche. Ich bin mir sehr unsicher, ob ich überhaupt heiraten und eine Familie gründen will.
- **Eigenschaften:** Ich bin ein ausgeprägter Gruppenmensch und fühle mich alleine nicht sehr wohl. Ich bin sportlich, Wandern und Fußball sind meine Hobbys.
- **Motto (aus Spanien):** Wer keine Zeit hat, ist ärmer als ein Bettler.
- **Beschreibung der Menschen in Spanien:** Ich finde, wir Spanier sind religiöse und gläubige Menschen. Meine Mutter sagt: »Spanier halten an ihren Überzeugungen fest und glauben an ihre Kräfte.« Meiner Meinung nach gibt es nicht »die Spanier«, sondern Gruppen, die in Spanien leben. Sie sind verschieden und grenzen sich stark voneinander ab. Wir kommen aus dem Westen und sind doch anders als die Madrider. Mein Vater sagt immer: »Wir packen die Sachen an, die hier reden viel darüber.« Wir Galizier sind längst nicht so individualistisch wie die Leute im Zentrum, wo die Menschen eine gewisse Sturheit an den Tag legen. Und dennoch, wenn ich uns aus amerikanischer Sicht betrachte, sind Amerikaner am Produkt interessiert und wir mehr an den Menschen, mit denen wir etwas zu tun haben. Menschlich sein heißt, unregelmäßig und fehlbar zu sein. Wer alles tut, um unfehlbar zu erscheinen, ist für uns zu glatt. Im Grunde ist es Spaniern mit solchen Menschen zu anstrengend, weil es nicht genüsslich ist. In Deutschland sagt man: »Das kommt mir spanisch vor«, wenn man etwas nicht versteht, wenn es einem sonderbar erscheint. Daran sind große kulturelle Unterschiede zu erkennen. Wer die überwindet, kann spanische Freunde finden.

Mañana!

Jean Westwood

- **Wohnort:** Bristol, Großbritannien.
- **Geboren:** 1975 in Liverpool, Westengland.
- **Berufliche Erfahrungen:** Lehrerin für Politik und Geschichte. Nachdem ich keine Daueranstellung im Schuldienst bekommen konnte und nicht nur in unsicheren Arbeitsverhältnissen arbeiten wollte, bewarb ich mich vor zwei Jahren in der Abteilung Betriebliche Weiterbildung bei B. und hatte Glück. Die Förderung durch meine Vorgesetzte, dass ich zum Beispiel regelmäßig an Trainings teilnehmen kann, schätze ich sehr.
- **Religion, Spiritualität und Ethik:** Meine Familie ist katholisch, aber wie ich mich beschreiben soll, das weiß ich nicht so recht.
- **Familien- und Lebenssituation:** Als Mitglied einer Migrantenfamilie, die kurz vor meiner Geburt die Karibik verlassen hatte, fiel ich immer auf. Oft fühlte ich mich nirgends zu Hause, Anspielungen auf meine dunkle Haut machten mir zu schaffen. Seit einigen Wochen lebe ich in Trennung und meine Tochter ist bei meinen Eltern.
- **Eigenschaften:** Meine Chefin beschreibt mich als besonnen und ruhig. Ihr fällt auf, dass ich viel beobachte und mich gut auf andere einstellen kann.
- **Motto (von May Ayim):** Weibliche Helden gab es kaum, schwarze Heldinnen schon gar nicht.
- **Beschreibung der Menschen in Großbritannien:** Das Königshaus ist das Wahrzeichen unseres Imperiums. Es verkörpert Tradition, strenge Regeln und das Bedürfnis nach Abgrenzung. Klasse ist eben Klasse, witzeln wir darüber. In diesem Plumpudding sind immer die gleichen Rosinen enthalten, die gleichen Gewürze. Neue Zutaten würden die Speise verändern. Sobald Menschen in den Palast kommen, die ursprünglich nicht dazugehören, fühlt sich das Monarchenpaar gestört. Das macht das Innenleben anfällig. Wir Briten sind schon sonderbar. Wir pflegen und lassen von anderen auf der Welt das Upper-Class-Klischee pflegen, obwohl es die kaum noch gibt. Wir lieben unsere Insel, und wehe, wir werden gestört. Wir genießen Krimis, die uns das Fürchten lehren. Wir leben mit Geistern in unseren Häusern. Was ist real? Im Humor sind wir vereint, ansonsten doch je nach Volksgruppe kulturell sehr unterschiedlich. Förmlich sind wir mehr oder weniger alle. Ein deutscher Kollege sagte kürzlich: »Ihr seid so höflich, dass ich euch nicht helfen, nicht unterstützen kann.« Und er meinte, dass wir nicht das offen ansprechen, was anzusprechen wäre, sodass er sich mit uns freier fühlen könnte. Wir sind diesbezüglich zurückhaltend, eine Form des Understatements.

Isn't it nice?

Murat Solmaz

- **Wohnort:** Istanbul, Türkei.
- **Geboren:** 1957 in Mersin, Südtürkei.
- **Berufliche Erfahrungen:** Grafiker. Schnell habe ich Lesen und Schreiben gelernt und frühzeitig Briefe für andere gegen etwas Geld geschrieben. In der Koranschule konnte ich am besten rezitieren. Später, nach der Ausbildung in Istanbul, arbeitete ich in einem Verlag, bis ich vor zehn Jahren zu B. kam.
- **Religion, Spiritualität und Ethik:** Ich bin Muslim, und wir sind gläubig, aber nicht orthodox.
- **Familien- und Lebenssituation:** Ich stamme aus einer Familie, in der viel musiziert wurde. Mein Vater erzählte gerne Geschichten, von denen niemand genau wusste, ob sie stimmten oder erfunden waren. Meine Mutter und ihre Schwestern stellten begehrte Stickereien mit traditionellen türkischen Mustern her. Meine Frau bewundert meine Eltern. Unsere drei Söhne schätzen uns sehr. Sie sind unterschiedlich talentiert, aber sie nutzen ihre Begabungen leider nicht und haben es nie erfahren, wie es ist, wenn Flügel wachsen.
- **Eigenschaften:** Andere bezeichnen mich als Künstler-Philosophen, weil ich viel lese und Informationen in Bildern auszudrücken versuche. Ich male, zeichne, erzähle Geschichten und schreibe Gedichte.
- **Motto (aus der Türkei):** Suchst du einen Freund ohne Fehler, wirst du nie einen haben.
- **Beschreibung der Menschen in der Türkei:** Türken bilden die Brücke zwischen Asien und Europa und sind von beiden Richtungen beeinflusst. Die meisten sind Muslime, aber unterliegen nicht der Scharia, dem islamischen Recht. Das gesamte Sozialwesen wurde vor rund 70 Jahren nach europäischem Vorbild reformiert. Wir finden aber nicht alles gut, was in Europa geschieht. Über die kulturellen Unterschiede von Türken, die in Deutschland leben, kann man täglich in der Presse lesen. Ein deutscher Geschäftsfreund hat mal gesagt, dass er es nicht verstehen könne, dass Türken untereinander bleiben. Familie und Freunde halten fest zusammen. Es ist eine Ehre, sich zu helfen, wo immer es geht. Vertrauen und Loyalität beschränken sich auf die Familie. Wir akzeptieren Autorität, jeder kennt seine Pflicht, alle respektieren das. Wer älter wird, steigt höher. Männer halten sich aus dem Frauenleben raus, und Frauen mischen sich bei Männern nicht ein. Probleme werden nicht nach außen getragen. Die jungen Türken, die in Europa aufwachsen, sind zerrissen und ihre Eltern verzweifelt. Allah sei dank, dass meine Kinder hier sind. Das Leben in der Türkei ist doch auch sehr orientalisch.

Çok güzel!

Ralph Tunner

- **Wohnort:** Charlston, South Carolina, USA.
- **Geboren:** 1937 in Tacoma, Washington, USA.
- **Berufliche Erfahrungen:** Elektromechaniker. Mein Berufsleben geht dem Ende zu. Die meisten Jahre war ich als Elektromechaniker in der Ausbildung tätig. In den acht Jahren, die ich bei B. bin, konnte ich ein neues Ausbildungsprogramm entwickeln. Das war eine Herausforderung. Inzwischen bin ich Mitglied in einem Senioren-Service. Oft gibt es Anfragen von Ausbildungsstätten, ein bestimmtes Fach zu übernehmen. Das macht Spaß und man bleibt wach dabei.
- **Religion, Spiritualität und Ethik:** Bei den Friends (Quäker) gefällt es mir am besten.
- **Familien- und Lebenssituation:** Vierzig Jahre meines Lebens habe ich an der Westküste verbracht, meine Söhne (42 und 39 Jahre) leben dort, in Seattle. Einige Jahre nach dem Tod meiner Frau fing ich an der Ostküste neu an. Ich war ein Fremder. Die Leute sprachen anders, lauter, es machte mich nervös. Es war sehr schwer, Fuß zu fassen. Aber dann fand ich den Job bei B., und alles wurde besser.
- **Eigenschaften:** Ich bin ruhig und eher zurückgezogen. Ich glaube, dass die Leute meine Zuverlässigkeit und Genauigkeit schätzen.
- **Motto (indianisches Sprichwort):** Deine Gesten sprechen so laut, dass ich nicht hören kann, was du sagst.
- **Beschreibung der Menschen in den USA:** Amerikaner verstehen sich als Pioniere, die den Weg bereiten. Das heißt auch, dass wir Trendsetter, Kämpfer, Leader für etwas Neues sind. Im Positiven und Negativen. Wir sind mobil, örtlich wie auch geistig. Dynamik ist ein hoher Wert. Wir verfolgen die Effizienz jedes Projektes. Was sich nicht lohnt, sollte nicht verfolgt werden. Wer scheitert, fängt neu an. Dafür werden wir geliebt und gehasst. Ich glaube, kein anderes Land gibt so ein extrem polarisiertes Bild ab, wie die USA. So gibt es auch immer sehr viele Menschen, die uns nicht mögen. Und doch übernehmen sie den »American Way of Life«. Vieles, was von hier aus in anderen Ländern übernommen wird, findet man dort super. Mode, Essen, Musik, Management Skills und natürlich High Tech. Wir leben in einer multikulturellen Gesellschaft, die verschiedene Ethnien integriert. Kommt man in ein öffentliches Gebäude, sieht man die unterschiedlichen Menschen. Das ist ganz normal. Gehen sie abends nach Hause, gehen sie in ihre Gruppe: Schwarze zu Schwarzen, Hispanics zu Hispanics usw. Werden wir angegriffen, verteidigen wir uns gemeinsam als Amerikaner. Das hat die Tragödie des 11. September 2001 in New York gezeigt.

Yeah!

25

Raj Khan

- **Wohnort:** Bangalore, Indien.
- **Geboren:** 1954 bei Mysore, Südindien.
- **Berufliche Erfahrungen:** Informatiker. Als ich vor dreißig Jahren nach Bangalore kam, war es noch ruhig in der Stadt. Es gab kaum Trubel, wenig Autos, alles war billiger. Heute sind viele Unternehmen hier, für die wir günstig produzieren. B. hat mich von einer anderen Firma abgeworben. Das passiert oft. Ein Informatiker ist sehr vielseitig. Ich bin Gruppenleiter und für die Programmierung zuständig.
- **Religion, Spiritualität und Ethik:** Als gläubiger Hindu versuche ich den Verpflichtungen nachzukommen.
- **Familien- und Lebenssituation:** Meine Frau habe ich im Studium kennen gelernt. Sie ist Mathematiklehrerin und arbeitet in einem Mädchengymnasium. Unsere beiden Töchter (11 und 9 Jahre) interessieren sich für Weltraumforschung und Medizin.
- **Eigenschaften:** Ich bin ein Tüftler und vergesse völlig die Zeit, wenn ich am Computer sitze. Dann schimpft meine Frau.
- **Motto (aus Indien):** Der Mensch sagt, die Zeit vergeht, die Zeit sagt, der Mensch vergeht.
- **Beschreibung der Menschen in Indien:** Indien ist die größte Demokratie der Welt, darauf sind wir stolz. Amerikanische Freunde, die uns besuchen, nennen uns Ameisen, die sich gegenseitig anrempeln. Sie sind nicht gewohnt, so vielen Menschen auf der Straße zu begegnen. Unsere Großstädte sind voll, laut, stickig und stinken. Der krasse Unterschied zwischen Arm und Reich macht Ausländern zu schaffen. Trotz britischer Einflüsse sind wir sehr indisch geblieben. Englisch ist die Sprache der Politik, Verwaltung und Bildung, aber jede Volksgruppe spricht ihre eigene Sprache und lebt die eigene Kultur. Die Verpflichtung der eigenen Gruppe gegenüber spielt eine große Rolle, die Ehre darf nicht verletzt werden. Im hierarchischen Kastensystem sind die Menschen geordnet und geben sich damit zufrieden. Vertreter der jeweiligen Kasten haben untereinander nicht viel gemeinsam. Gut ausgebildete, berufstätige Inder zeigen eine hohe Arbeitsenergie und sind erfolgreich. In Bangalore merkt man das besonders: Hier trifft sich die Welt mit ihren technischen Erwartungen. Europäische Auftraggeber loben uns für die schnelle Umsetzung ihrer Wünsche. Gerade hier ändern sich auch die Beziehungen zwischen jungen Männern und Frauen, zumindest in der Berufswelt: Solange beide den Tag über am Computer arbeiten, sind sie gleichberechtigte Kollegen in einer westlichen Arbeitswelt, gehen sie nach Hause, leben sie in den indischen Verhältnissen ihrer Familie.

Namaste!

Lu Yingping

- **Wohnort:** Shanghai, China.
- **Geboren:** 1948 in Pehan, Nordchina.
- **Berufliche Erfahrungen:** Elektronik-Ingenieurin. Viele Jahre arbeitete ich als Lehrerin für Elektronik in einer Berufsschule. Wir hatten nie genug Mittel zur Verfügung, um dem Interesse der Schüler gerecht zu werden. Dann bewarb ich mich für ein Projekt in einem US-Konzern und wurde Gruppenleiterin. Mein Leben änderte sich total. Seit vier Jahren bin ich General Manager bei B. Manchmal gehe ich in die alte Schule und berichte vom anderen Leben.
- **Religion, Spiritualität und Ethik:** Ich bin von der konfuzianischen Ethik überzeugt, das heißt, dass der Mensch im Grunde gut ist, das Böse geschieht durch mangelnde Einsicht. Wir müssen also alles tun, um zu Einsichten zu gelangen.
- **Familien- und Lebenssituation:** Vor zehn Jahren wurde ich Witwe. Mein Sohn (30 Jahre), lebt mit seiner Familie in den USA. Vor drei Jahren habe ich wieder geheiratet. Wir haben eine kleine Tochter.
- **Eigenschaften:** Meine Vorgesetzten nennen mich manchmal den gütigen Geist. Ich versuche Harmonie zwischen den Menschen zu erhalten, ihnen tugendhaft, aber mit Konsequenz zu begegnen.
- **Motto (Konfuzius):** Fordere viel von dir, erwarte wenig von anderen.
- **Beschreibung der Menschen in China:** Chinesisch ist die größte Sprachgruppe, Englisch genießt mehr Prestige. Warum? Wir waren viele Jahre von der Welt abgeschnitten. Dabei haben wir gelernt, uns auf uns selbst zu verlassen, Teil unserer Familie und Arbeitsgruppe zu sein und diese zu stärken. Jetzt müssen wir lernen, wie es außerhalb aussieht. Typisch für uns ist – im Gegensatz zum Westen –, in einem Verbund zu leben, in einem Kreislauf, in dem alles wiederkehrt. Wir streben nicht danach, den Anfang eines Projektes genau zu definieren oder das Ende zu wissen. Wer mit uns Geschäfte machen möchte, sollte uns vertrauensvoll begleiten. Für Fremde ist es nicht einfach, das Regelsystem und unsere Werte zu akzeptieren. Wir entscheiden nicht individuell, daher dauern Entscheidungsprozesse länger. Fremde werden ungeduldig, besonders junge europäische und amerikanische Geschäftsleute. Sie drängen uns und haben ihren Erfolg schon verspielt, bevor sie je eine Chance hatten. Jüngere Chinesen sollten vor älteren Respekt haben, Frauen vor Männern. Wenn jüngere Managerinnen aus dem Ausland interkulturell unvorbereitet ins Meeting gehen, kann es schwierig werden. In Shanghai hatten wir einen jungen Geschäftsmann aus den USA, der versuchte, den chinesischen Partner zu bevormunden. Das war zu viel.

Nin hao!

27

Workshop der
Culture-Puzzles-Group
Culture-Puzzles-Group
Workshop

Die ganze Welt in Melbourne
Ein deutsches Unternehmen möchte interkulturell werden

Letzte Woche trafen sich Manager des in Deutschland ansässigen internationalen Unternehmens B. Allesamt wurden ausgewählt, um neue, innovative Ideen bezüglich »Interkulturalisierung des Unternehmens« zusammenzutragen und Wege der Umsetzung zu erarbeiten. Die Damen und Herren, die sich die Culture-Puzzles-Group nennen, kamen aus zehn verschiedenen Ländern plus der australischen Gastgeberin, Alice McLoughlin. Nur eines hatten sie gemeinsam: den gleichen Arbeitgeber. Melbourne setzte sich als Austragungsort durch, weil Alice McLoughlin, die Leiterin der hiesigen Niederlassung, die multikulturelle Atmosphäre hier besonders geeignet hielt, sich für interkulturelle Aspekte motivieren zu lassen. So hatte sie die kluge Idee, ihre Gäste zwischendrin viele Stunden aus dem Workshop zu entlassen, damit sie frei genug waren, über Eindrücke in Melbourne interkulturell inspiriert zu werden. Die Managerin, die auch die Tagung leitete, war sich sicher, dass an einem Tag schon genügend Ideen zusammengetragen werden würden. Ihre Aufgabe lag dann darin, alles zu bündeln und in Vorschläge für die Geschäftsleitung erarbeiten zu lassen. B., so war jetzt zu erfahren, ist trotz anfänglicher Bedenken, mit den Ergebnissen sehr zufrieden. (MS)

Artikel aus einer Melbourner Tageszeitung, Dezember 2002

The Whole World in Melbourne
A German company wants to become intercultural

Last week, managers of the international company, B., with its head-quarters in Germany, met in Melbourne. They discussed new and innovative ideas to interculturalize the company and ways to implement these ideas. The men and women from the CulturePuzzles Group, as they called themselves, came from 10 different countries. Their host and facilitator, Alice McLoughlin, is from Australia. The one thing they all had in common was their employer.

Melbourne was chosen as the location for this meeting because the director of the local subsidiary, Alice McLoughlin, believed the multicultural atmosphere here is especially motivating and appropriate for the subject at hand. In fact, she decided to give the participants several hours of time in Melbourne to be inspired by the city's intercultural nature. She was certain that through this open forum, more than enough ideas would result. The group's task was to collect and synthesize ideas to interculturalize their company and package them for the top management. B., despite its initial reluctance, is very pleased with the results. (MS)

Article from the Melbourne Daily Newspaper, December 2002

Das Meeting:
Auftrag der internationalen Gruppe
The Meeting:
Order to the International Group

Auf der Einladung an die Workshopteilnehmer/innen stand:

Liebe/r (Anrede und Name)

Es ist mir eine große Freude, Sie in das sommerliche Melbourne einzuladen. Aus den zahlreichen Bewerbungen haben wir zehn Personen ausgesucht, die aus zehn verschiedenen Ländern kommen und unterschiedliche Erfahrungen mitbringen. Auch Sie gehören zur Culture-Puzzles-Group (CPG), die durch Ihren Beitrag reicher werden wird. Wir treffen uns vom 9. bis 11. Dezember im Georgian Court (Adresse, Telefonnummer), das in diesen Tagen nur von der CPG bewohnt wird. Unser einziger Auftrag ist, dass wir uns Gedanken dazu machen, wie die Interkulturalisierung von B. voranzutreiben ist.

Einen schönen Tag, ich sehe Sie bald in Australien,
Alice McLoughlin

The invitation states:

Dear (Title and Name),

It is a great pleasure for me to invite you to sunny Melbourne. From the numerous applications we have selected ten people who come from ten different countries and bring varied experiences with them. You now belong to the Culture-Puzzles-Group (CPG) which you will certainly enrich through your participation.
We will meet from the 9th to the 11th of December in the Georgian Court Hotel (address and phone number), which will only be used by CPG during this time period. Our single task is to work together to find a way to interculturalize B.

G'day, see you soon in Aussie Country,
Alice Mc Laughlin

Fleur Libou steht im Türrahmen und guckt sich um. Von den Anwesenden kennt sie niemanden. »Hallo«, sagt sie etwas verlegen und setzt sich auf den einzigen freien Stuhl im Kreis. Offensichtlich ist sie die Letzte, die ankommt. Alice geht auf sie zu, reicht ihr die Hand und erwidert: »G'day, schön, dass Sie uns gefunden haben. Meine Damen und Herren, jetzt sind wir vollständig, fangen wir also an. Wir sind die internationale Culture-Puzzles-Group der Firma B. Im Auftrag unserer Geschäftsleitung heiße ich Sie herzlich willkommen«, und zeigt auf das Begrüßungsplakat auf dem Flipchartständer. Dann geht sie zum Tisch, setzt sich auf die Kante, was ihre Körpergröße kleiner erscheinen lässt. »Ehrlich gesagt, hm, ich bin sehr gespannt, was mit uns geschehen wird.« »Das klingt ja voller Geheimnisse«, flüstert Carlotta ihrem Nachbar zu. »Ja, was bis Mittwochnachmittag herauskommt, ist ein Geheimnis, niemand kann es jetzt schon wissen«, schnappt Alice den Faden auf. »Unser Auftrag heißt, die Interkulturalisierung der Firma B. voranzutreiben. Dazu werden von uns konzeptionelle Empfehlungen erwartet.«

Fleur Libou stood in the doorway and looked around. At first glance she did not recognize anyone. »Hello,« she said somewhat shyly and then sat down on the last untaken chair in the circle. It appeared that she was the last to arrive. Alice walked over to her, extended her hand and said »G'day! I'm glad you found us! Ladies and Gentlemen, now that we're all present and accounted for, let's begin. We are the international CulturePuzzles Group from company B. On behalf of our managing director I would like to welcome you,« she said pointing to the welcome poster on the flipchart stand. Then she walked over to the table, sat on the edge of it, which made her look shorter. »To be honest with you, hmm, I am really looking forward to seeing what we will accomplish.« »It all sounds very secretive,« whispered Carlotta to her neighbor. »Yes, what develops between now and Wednesday afternoon is a secret no one knows,« responded Alice to the comment. »Our job is to interculturalize B. We are to deliver our conceptual recommendations to the company at the end of this workshop.«

Alice läuft einige Schritte vor ihrem Publikum und erwähnt: »Ich bin passionierte Spaziergängerin. Bei einem der letzten Ausflüge habe ich mich mit Ihnen als meine Zielgruppe beschäftigt. Ich habe mich gefragt:

- Werden sie offen sein für meine Art Workshop?
- Was bewegt sie am Thema ›Interkulturalisierung‹?
- Wie sind sie dazu gekommen?
- Wie kommen wir zu guten Ideen?

Ich habe die besten Einfälle, wenn ich draußen bin. Als ich mich mit Ihnen beschäftigte, waren Sie mir zwar fremd, aber ich hatte ein gutes Gefühl. Ich habe Sie auf den Weg nach Australien gelockt, um Sie positiv zu stimmen. So war ich selbst positiv gestimmt.

Ich möchte Ihnen in diesem Workshop Zeit lassen, um sozusagen beim Nichtstun inspiriert zu werden. Kennen Sie den Spruch von Marie von Ebner-Eschenbach? ›Das Meiste haben wir gewöhnlich in der Zeit getan, in der wir meinen, nichts getan zu haben.‹ Dieser Leitsatz hat mir bei der Vorbereitung für dieses Treffen sehr geholfen.«

Alice took a few steps towards her audience and said »I am a passionate walker. On one of my recent walks, I occupied myself thinking about you, my target audience. I asked myself:

- Will they be open to my style of workshop facilitation?
- What does the word ›interculturalization‹ mean to them?
- Where does their interest in the topic come from?
- How will we come up with good ideas?

I come up with my best ideas when I'm outside. During my selection process, you were each unknown to me, but I have a good feeling about each of you. I have brought you to Australia to positively stimulate you just as I have been here in Melbourne.

I want to leave you some time during this workshop to be inspired by the so-called ›Nothing-to-do Inspiration.‹ Do you know the saying from Marie von Ebner-Eschenbach? ›We usually do the most in the time when we have nothing to do.‹ This motto has helped me a great deal with the preparation of this meeting.«

»Weil Arbeiten auch etwas Schöpferisches sein kann, habe ich mir eine kreative Workshop-Methode überlegt. Es ist, was unser Unternehmen betrifft, ein Experiment, und es war nicht einfach, die Geschäftsleitung von diesem Konzept zu überzeugen. Wir diskutierten über den Gewinn für B., wenn internationale Erfahrungen und interkulturelle Ideen gesammelt und in Programme umgesetzt werden können. Ein zweiter wichtiger Punkt in der Diskussion war, wie ich es anstelle, Sie so zu motivieren, dass Ihre Inspirationen sprudeln. Als ich dann von Romano Guardini sprach, der einst sagte: ›Erst das Schweigen tut das Ohr auf für den inneren Ton in allen Dingen ...‹, öffneten auch die Herren der Geschäftsleitung ihre Herzen. Sie möchten natürlich handfeste Outputs, geben sie doch so viel Geld für das Treffen in Melbourne aus. Aber mit Ihnen allen, da bin ich sicher, wird es gelingen.« »Klar, das schaffen wir«, bestätigt Ali seine australische Kollegin und holt sich ein zustimmendes Nicken aus der Runde. »Freut mich sehr«, erwidert Alice erleichtert.

Die Nachmittagsonne erwärmte den Raum, trotz der geöffneten Fenster steht die Luft. »Wir wissen alle, dass B. von Deutschland aus seit rund dreißig Jahren international tätig ist. Zuerst in den USA, dann kam Indien dazu, später all die anderen rund fünfundzwanzig Länder. Es sind Menschen, die sich begegnen, auch wenn sie irgendwo technische Produkte entwickeln und produzieren oder ver- und einkaufen. Es liegt am Geschick der Menschen, wie die Geschäfte angebahnt und durchgeführt werden und ob sie längerfristig laufen. Vieles hat hervorragend geklappt, manches sicher nicht, auch wenn wir es nicht erfahren haben.«

»So our work here can be creative, I have decided to use a creative workshop method. This concept is an experiment for our company and it was not easy to convince the Board of Directors that this concept was worthy of implementation. We discussed the advantages of an international workshop where intercultural ideas and experiences would be collected. A second important idea in the discussion was how I would work to motivate you so you would be inspired by creative ideas. I quoted Romano Guardini who once said ›It is silence that first makes the ear open to the inner voice on all subjects.‹ This seemed to open the hearts of the members of the Board of Directors. Of course they expect a tangible result in order to justify the money for this meeting in Melbourne. I am sure that with all of you here, it will be successful.« »Of course it will be,« Ali confirmed and got an agreement of nods around the circle. »I'm pleased to hear it,« Alice said with a sense of relief.

The afternoon sun warmed the room and it felt quite stuffy, despite the open window. »We all know that B., headquartered in Germany, has been operating internationally for about thirty years. First in the USA, then in India and then one by one in another twenty-five countries. Although people develop and produce products, and buy and sell them all over the world, the interaction of individuals is what makes a business successful. How long a business operates is also dependent on the know-how of its managers. For B.'s international business, many things have worked well and many things have not, even if we have never heard about it.«

»Erst in den letzten zehn Jahren wurden mehr und mehr Probleme offenbar. Dass Inder schwierig wären und die Tendenz hätten, einen über den Tisch zu ziehen, dass man sich vor Chinesen schützen müsste, weil sie unberechenbar und harte Geschäftspartner wären und dass Amerikaner dominant aufträten. Solche Äußerungen stimmen natürlich nicht generell, aber sie wurden in manchen Kantinen einfach behauptet. So wurde erst einmal der Bedarf an Auslandsvorbereitungen genannt und nach und nach immer mehr Fach- und Führungspersonal geschult, bevor sie für längere oder kürzere Zeit verschwanden. Weiß Gott, nicht alle im Unternehmen waren von interkulturellen Seminaren überzeugt. Sie werden bis heute oft unter dem Motto ›Es kann ja nicht schaden‹ genehmigt. Andere zweifeln ganz am Sinn der Auslandsvorbereitung, vergessen aber, misslungene Geschäfte zu berechnen oder wollen gar nicht wissen, wie viel es B. schon wieder gekostet hat, dass an interkultureller Auslandsvorbereitung gespart wurde. Niemand kann sich so richtig den Schaden vorstellen, der entstehen kann, wenn ein Auslandsmitarbeiter seinen Auftrag in den Sand setzt. Haben Sie von der Geschichte des Franzosen in Tokio gehört? Oder von der mit dem Saudi in Südafrika? Oder die in Indien? Erst als sich in Deutschland mehrere Ingenieure weigerten, nach Indien zu gehen, weil sie sich von B. nicht ausreichend informiert und geschützt fühlten, wurde die Firma hellhörig. Hinzu kamen diverse Pressemeldungen über andere große Unternehmen, deren Auslandsgeschäfte misslungen waren. B. hat auch schon viele Federn lassen müssen. Es war ein langer und teurer Weg.«

Der Blumenstrauß auf dem Tisch ist in blau und gelb gehalten. Einige der gelben Blüten hängen etwas müde. Alice öffnet die Tür in der Hoffnung, etwas Durchzug zu erreichen. Die eine Teilnehmerin im Rollstuhl schwitzt sichtlich. Der Deutsche zieht auch seine Jacke aus. Draußen, vor dem Fenster, startet ein Auto und treibt die Abgase in den Seminarraum. Alice beeilt sich, die Gardinen vorzuziehen, um den Gestank draußen zu halten.

»For the first time in the last ten years, more and more problems have been reported to the public: That Indians are difficult to work with because they have a tendency to be vague and misleading, that you have to protect yourself when you work with the Chinese because they are relentlessly tough business partners, and that U.S. Americans are extremely dominant if you do not prevent it. Such opinions are certainly not always true. They are, however, expressed in many company cafeterias. This was why international training was first seen as a necessity. More and more employees receive training before their long- or short-term relocations today. It was clear a few years ago that not every employee was convinced of the value of intercultural training seminars. They were under the impression that such seminars could not hurt, but how much they would help was unclear. Those who doubt the importance of preparation for relocation abroad fail to calculate the costs (or do not want to know the costs!) of unsuccessful business ventures and failed assignments abroad. No one can properly account for the damage incurred by the early termination of an employee's international assignment. Have you heard the story of what happened to the Frenchman in Tokyo? Or the one about the Saudi in South Africa? Or in India? Only after more and more German engineers refused to relocate to India because they felt improperly informed and prepared for the life there did the company completely open its eyes. Soon after, there were several press reports about other large companies who mishandled business abroad. B. has already lost a great deal of revenue due to such mistakes. It has been a long and expensive road for B. to get to this point. It has had to learn the importance of interculturalization the hard way.« There is a blue and yellow flower arrangement on the table. Some of the yellow blooms look rather tired in their drooping positions. Alice opened the door, hoping that it would create a cross-breeze. The participant in a wheelchair was noticeably perspiring. The German took off his jacket. Outside the window, a car started and the smell of the exhaust entered the seminar room. Alice rushed to close the curtains to keep the fumes out of the room.

Dann fährt sie fort: »Unsere neuer Vorstand ist jetzt so weit, ein interkulturelles Netz über alles, was B. betrifft, zu spannen, immerhin sind wir ein internationales Unternehmen. Was für ein riesiges Vorhaben! Dazu sollen wir Ideen entwickeln.«

Alice seufzt leise, als sie die Schwere des Auftrags für die Culture-Puzzles-Group (CPG) begreift. Sie setzt sich vor die Runde hin, schlägt ein Bein über das andere und nimmt sich entspannt zurück. »Das war der Hintergrund, in groben Zügen, und Sie alle wissen, was ich meine.«

Die Eingeladenen kennen sich nicht. Deshalb steht Alice auf, bewegt sich etwas im Raum und sagt: »Der Grund, warum wir uns in Melbourne treffen, ist die multikulturelle Art dieser Stadt. Sie soll uns inspirieren. Und der Grund, warum Sie ausgewählt wurden, nach Australien zu reisen, war Ihr Motto. Hätten Sie das geahnt?« »Ach, schau«, sagt ein Teilnehmer, »das ist ja interessant. Jetzt bin ich aber sehr neugierig auf die Sprüche der anderen«, flüstert er seiner Nachbarin hörbar zu.

»Suchen Sie sich eine Partnerin oder einen Partner«, ruft Alice in die unruhig werdende Gruppe und breitet ihre Arme aus. »Wir kommen zur Vorstellungsrunde, denn wenn wir uns nicht kennen, können wir nicht gut miteinander arbeiten. Sie haben 30 Minuten Zeit, um in der Kleingruppe gemeinsam ein Bild zu malen, das Sie beide in vielen Aspekten vorstellt. Später werden wir über die Flipcharts sprechen und die Papiere an die Wand hängen. Überlegen Sie sich, was Sie uns von sich selbst präsentieren möchten.«

Selbstdarstellung
Self-Präsentation

- Was sollen wir von Ihnen wissen?
  What should we know about you?
- Was haben Sie beide gemeinsam?
  What do you and your partner have in common?

Then she went on, »Our new managing directors are now ready to extend an intercultural network throughout B's international organization. What a great untertaking! It is with this purpose that we need to develop ideas.«

Alice sighed softly as she realized the challenge of the CPG's task. Then she sat down in front of the circle and crossed one leg over the other and leaned back comfortably. »So, that was the background in a nutshell, or in very general terms, if you know what I mean.«

The participants did not know each other, so Alice stood up, walked around the room and said »The reason why we are in Melbourne is because of its multicultural nature. It should inspire us. And the reason each of you was chosen was the motto you chose. Did you know that?« »I see,« said a participant, »that's very interesting. I'd really like to hear which sayings everyone here selected,« he said to his neighbor, just loudly enough that all the participants could hear.

»Select a partner,« Alice announced to the restless group, opening her arms to get their attention. »It's time for introductions. We need to know each other in order to work well together. You have thirty minutes to make a sketch with your partner, which represents your mottos and aspects of who you both are as people. Then I will ask you to put your sketch on the flipchart and present it to us. Afterwards we will put them up on the walls. Think about what aspects of yourself you want us to know.«

Alle standen inzwischen und waren auf der Suche nach jemandem, nur Carlotta blieb in ihrem Rollstuhl sitzen und guckte nach oben. »Stopp«, rief Alice. »Moment mal, bitte bleiben Sie genau so stehen, wo und wie Sie gerade sind ... und gucken Sie sich an, was sich hier gebildet hat.« Umgehend bückte sich Fleur zu Carlotta nieder und lud sie ein, mit ihr zu arbeiten. »Vielen Dank«, sagte Alice und erlöste die Stehenden. Alle hatten schließlich verstanden, dass es darum ging, sich auf eine Rollstuhlfahrerin einzustellen. Die Gruppen taten sich zusammen und verschwanden mit einem großen Papier, vielen Stiften, Kärtchen, Klebstoff usw. in eine der Ecken.

Everyone stood up and started looking for partners, only Carlotta did not move. She sat in her wheelchair and looked up at the ceiling. »Stop!« hollered Alice. »Wait a minute, please stay where and how you are and take a look at yourselves. Notice what has happened here.« Recognizing what Alice meant, Fleur went over to Carlotta and asked to work with her. »Thank you,« said Alice and indicated that the rest could move again. Each of them realized that they had shown a lack of awareness concerning the person in a wheelchair. The participants paired up and went into separate corners of the room with large pieces of paper, many pens, small cards, glue, etc.

Jean und Ali

Jean: »Ali fing an und zeichnete sein Dorf, die Farben der Sonnentage und die Trockenheit der Felder. Er zeichnete sein Elternhaus, die Moschee, das Café und setzte seine Familie in die Szene. Zum Schluss schrieb er: ›Die Eile ist ein Ding des Teufels‹ darüber.«

Jean: »Ali started by drawing his village, the colors he sees on sunny days and the dryness of the fields. He drew his parents' house, the mosque, a café and then drew his parents in the picture. When he had finished, he wrote ›Urgency is the work of the devil‹ at the top of his picture.«

Ali: »Jean zögerte erst etwas, bevor sie schrieb: ›Weibliche Heldinnen gab es kaum, schwarze schon gar nicht‹. Dann setzte sie diese bunten, verschieden großen Kreise darüber, die nicht ineinander verflochten sind. Sie war erstaunt, dass ihr nichts anderes einfiel. Wir haben vordergründig wenig gemeinsam. Unsere Unterschiede bestehen durch unsere Landesherkunft, durch das Alter, das Geschlecht und die Lebens- und Arbeitserfahrungen. Schließlich fanden wir doch etwas Gemeinsames: Die Hautfarbe ist ähnlich dunkel.«

Ali: »Jean thought for a moment and then wrote ›There are few female heros and not one single black hero‹. Then she drew these colorful circles of various sizes. She was surprised that nothing else occurred to her. At first glance, it seemed that we had little in common. Our differences come from our backgrounds, our ages, gender, and life and work experience. In the end, we found that we did have something in common, both of us have dark skin.«

Bert und Raj

Bert: »Raj schrieb zuerst sein Motto: ›Der Mensch sagt, die Zeit vergeht, die Zeit sagt, der Mensch vergeht‹, und nutzte für jedes Wort eine andere Kreidefarbe. Dann schrieb er in schwarz und in einer anderen Schrift darüber ›Kraft – Weilen – Verweilen – langes Verweilen – bei sich sein – ganzheitlich sein – produktiv sein – Produktivkraft: lange Weile‹. Das wurde gleich zum weiteren Motto, denn Raj zieht sich oft zurück, um in Meditation das Leben neu zu denken.«

Bert: »Raj wrote his motto first ›Man says time passes, time says man passes‹. He used a different colored crayon for every word. Then he wrote in black in another style of handwriting above it ›strength – waiting patiently – meditation – deep meditation – to be alone with yourself – to be complete – to be productive – productive strength: peaceful patience‹. That became his second motto, as Raj often withdraws into his meditative state to rethink life.«

Raj: »Bert zeichnete eine Leiter, auf der ein Männchen nach oben läuft und notierte in die Richtung der Leiter: ›Was Hänschen nicht lernt, lernt Hans nimmermehr‹. So sieht er sich, einer, der schon früh viel gelernt hat. Nach dem ersten Viertel auf dem Wege nach oben steht ein zweiter Mann neben ihm, dann später kam ein dritter dazu. Darüber wollte ich mehr erfahren, und Bert berichtete vom Zusammenleben mit seinem Partner und von seiner früheren Familie. Was wir gemeinsam haben, ist, dass wir fast gleich alt und beide Männer sind. Alles andere ist sehr verschieden.«

Raj: »Bert drew a ladder on which a little man is running up and noted in the direction of the ladder ›What young Hans did not learn, an older Hans won't learn either‹. That is how he sees himself as one who learned a lot early. About a quarter of the way up the ladder, a second person stands and a little further up there is a third. I wanted to learn more about who these people symbolized, so Bert reported about his life with his partner and about his family before. What we have in common is that we are almost the same age and that we are both men. Everything else is very different.«

Carlotta und Fleur

Carlotta: »Fleur, die Blume, ist ein Wanderkind, im Grunde nirgendwo zu Hause. Ihr Bild, das sie aus Teilen von bunten Kärtchen geschnitten hat, besteht aus einem Baum, ein Orangenbaum, der blüht und auch schon Früchte trägt. Drumherum eine Tänzerin, Fleur, die zu einem Vogel sagt: ›Sprich, damit ich dich sehe‹.«

Charlotta: »Fleur, the flower, is a wanderer, never at home in one place. Her picture, which she cut partially out of colorful cards, consists of a tree, an orange tree which is blooming and is laden with fruit. A dancer symbolizing Fleur, is moving around the tree. She says to the bird, ›Speak so I can see who you are‹.«

Fleur: »Das Erste, was Carlotta mir sagte, war ihr Motto: ›Das Leben muss nicht leicht sein, wenn es nur inhaltsreich ist‹. Schon hatte ich das Gefühl, ihr Leben sei reicher und lebenswerter, trotz der Behinderung. Sie schrieb also ihren Spruch oben auf unser gemeinsames Papier, sodass er auch für mich stehen sollte. Das fand ich eine nette Geste. Dann malte sie diese grauen Hochhausschluchten einer Großstadt von der Vogelperspektive aus gesehen und die vielen bunten Punkte für die Menschen, die sich durch die Schluchten drängen. Es ist kein Baum zu sehen, nichts Grünes. Aber ein kleiner Rollstuhl findet offensichtlich seinen Weg. Ja, wir haben einiges gemeinsam: Wir sind zwei gleich alte Frauen, unabhängig und oft unkonventionell.«

Fleur: »The first thing that Carlotta said to me was her motto: ›Life must not be easy as long as its content is rich‹. I certainly think that her life is rich and more fascinating even though she has physical challenges. She wrote her proverb at the top of our shared paper so that it would also apply to me. I thought that this was a very nice gesture. Then she drew this grey outline of tall buildings in a big city, a bird's eye view and many colored points representing the rushing people who are moving between the buildings. There isn't a tree in sight, in fact, there is nothing green in the picture. What we can see is that there is a small wheelchair and it is clearly finding its way through the crowd. We have a few things in common. We are both almost the same age, we are both women and we are independent and often unconventional.«

Gloria und Murat

Gloria: »Murat ist ein Künstler, guckt euch dieses Bild an. In gleichmäßig schöner Kalligraphie in grün schrieb er etwas, was ich nicht lesen kann, was aber wie ein gleichmäßig geknüpftes Netz aussieht. Darin integriert setzte er seinen Spruch in schwarzen Buchstaben: ›Suchst du einen Freund ohne Fehler, wirst du nie einen haben‹. Ja, so wirkt er auf mich, lebenserfahren und tolerant.«

Gloria: »Murat is an artist, look at this picture. In consistent and lovely calligraphy he wrote something in green that I can't read, but which looks like a spiderweb. Inside he wrote his proverb in black letters. ›If you look for a friend without flaws you will never have a friend‹. This is exactly how he seemed to me, rich in experiences and very tolerant.

Murat: »Gloria hat diese bunten gleich großen Mosaikteilchen ausgeschnitten und sie alle zu einer Gruppe zusammengestellt. Ihr Motto: ›Wer keine Zeit hat, ist ärmer als ein Bettler‹, bezieht sich darauf, dass sie sich immer Zeit für ihre Familie und die Freunde nimmt. Für Gloria ist füreinander Zeit haben das höchste Gut. Zeit mit ihrer Familie zu verbringen ist was Selbstverständliches. Darin sind wir uns auch sehr ähnlich.«

Murat: »Gloria cut out these colourful mosaic pieces and put them all together in a group. Her motto: ›He who has no time is poorer than a beggar‹. This motto refers to the fact that she always takes time for her family and friends. For Gloria, having time for others takes precedence above all else in life. Spending time with her family is a natural part of life. In this way we are very similar.«

Ralph und Yingping

Ralph: »Yingping hat mir berichtet, dass es in China üblich sei, dass der zweite Namen als Vorname benutzt wird. Sie erzählte mir, dass sie zu Hause und in der Schule sehr streng erzogen wurde. In China wurde früher und wird heute ganz anders gelernt als in den USA. Lernen war ihren Eltern das Wichtigste. Und sie ist ihnen dankbar dafür. Ihr Motto: ›Fordere viel von dir, erwarte wenig von anderen‹, passt gut zu ihr.«

Ralph: »Yingping informed me that in China a person's last name is used as a first name. She explained to me that she was raised in a very strict manner, both at school and at home. In China, currently as in the past, children learn differently than in the U.S. Her parents believed that learning was most important. She is grateful to them for this. Her mottos is: ›Demand a lot from yourself and expect little from others‹, it seems to fit her well.«

Yingping: »Ralph hat dieses Klassenbild gezeichnet. Er ist der Lehrer, der gerne unterrichtet und es liebt, seine Erfahrungen weiterzugeben. Ich glaube, dass er ein guter Lehrer ist. Ich war etwas überrascht, als er seinen Leitspruch aufsagte: ›Deine Gesten sprechen so laut, dass ich nicht hören kann, was du sagst‹. Aber dann hab ich es verstanden: Dieser Spruch stammt von Indianern in den USA, die mit der weißen Bevölkerung große Kommunikationsprobleme hatten, weil diese zu dominant auftrat. Außerdem ist er selbst ein ruhiger Mensch und mag laute Personen eher nicht. Wir haben beide mit Elektrik und Elektronik und mit Ausbildung zu tun. Das verbindet uns.«

Yingping: »Ralph drew this picture of a classroom. He is a teacher who is happy to teach. He shares his experiences with others very openly. I think he is a good teacher. It was a surprise when he said his motto ›Your gestures speak so loudly that I cannot hear what you are saying‹. But then he explained that this saying comes from the Native American Indians in the U.S., who had major communication problems with the white population because of their dominant behavior. He is a quiet person and dislikes loud people as well. We both work with electricity and electronics, and train people. That connects us.«

»Meine Damen und Herren«, ruft Alice, während sie aufsteht. »Vielen Dank für Ihre interessanten und zum Teil sehr persönlichen Präsentationen.« Alice geht zum Fenster und guckt für eine Sekunde raus. Dann dreht sie sich schnell um und sagt:»Mir fällt auf, dass Sie alle einen Aspekt vergessen haben, den wir miteinander teilen: Wir sind vom selben Unternehmen und sollen die Interkulturalisierung von B. voranzutreiben.« »Vielleicht haben wir alle zwar Interesse, etwas dafür zu unternehmen, aber es kann ganz unterschiedliche Wurzeln haben«, ermahnt Bert. »Das ist möglich«, gibt Alice zu und nickt. »Bevor wir in das eigentliche Thema ›Interkulturalisierung bei B.‹ einsteigen, möchte ich Sie bitten, Ihre Wünsche an diesen Workshop, an das, was ich für Sie tun kann, auf ein grünes Kärtchen zu schreiben.« Die Sammlung brachte folgende Erwartungen (s. S. 46):

Erwartungen und Wünsche
Expectations and Wishes

- Erfahrungsaustausch
  share experiences
- Interkulturelle Inputs
  intercultural inputs
- Austausch mit Kollegen
  exchange ideas with colleagues
- Unterschiede und Gemeinsamkeiten kennenlernen
  to get to know differences and similarities
- Ich freue mich, hier zu sein
  I am happy to be here
- Was ist ein »Interkulturelles Training«?
  What is an »Intercultural Training«?
- Ich möchte viel Neues erfahren
  I want to learn a lot
- Interkulturalisierung wie?
  interculturalization, how?
- Mein Chef hat hohe Erwartungen an den Workshop
  my boss has high expectations to the workshop
- Ich wünsche mir einen Motivationsschub
  I would like to get motivated
- Ich möchte neue Ideen bekommen
  I would like to get new ideas
- Eine schöne Zeit miteinander haben
  to have a nice time together
- Ich möchte bei B. etwas verändern
  I'd like to make some changes at B
- Interkulturelle Erfahrungen zusammentragen
  I would like to collect ic experiences
- Kulturpuzzles kombinieren
  to combine our culture puzzles
- Infos über kulturelle Differenzen bekommen
  to get info on cultural differences
- Spaß haben in Melbourne
  to have fun in Melbourne
- Ich bin gespannt auf die Ergebnisse
  I'm eager to see the results

46

»Ladies and gentlemen,« Alice says, as she stand up, »thank you for your interesting and for the often very personal presentations.« Alice walked over to the window and looked out for a brief moment. Then she quickly turned around and said »I just realized that you have all forgotten to share an aspect that you have in common: We all come from the same company, and we are here to interculturalize B.« »Perhaps we are all interested in this idea but for very different reasons,« interjected Bert. »That's possible,« answered Alice. »Before we begin with the interculturalization process, I would like for you to write your expectations for this workshop on a yellow card.« The cards had the following responses written on them (s. p. 46).

»Gut«, schließt Alice das Präsentieren ab. »Ich werde darauf achten, dass Ihre Wünsche in Erfüllung gehen.« Sie stellt sich vor die Gruppe, die im Halbkreis sitzt, und fragt: »Was ist Interkulturalisierung?«, und schreibt den Satz aufs Flipchart. Dann noch: »Was ist Interkultur, was ist Kultur?« Zum Publikum gedreht, berichtet sie: »Ein Unternehmen, das global tätig ist, ist nicht gleich interkulturell. Ein Expatriate, der Englisch spricht und sich im Ausland aufhält, ist auch nicht gleich interkulturell.« Jean schnippt laut mit dem Finger und ruft dazwischen: »Ich lebe interkulturell ...« (kurze Pause), »... denn meine Familie ist nach Großbritannien immigriert.« Auf Fleur zeigend, ergänzt sie: »Ihr geht es ähnlich. Und für mich bedeutet interkulturell, dass ich mich in beiden Kulturen richtig verhalten kann, dass ich weiß, warum die Briten so sind, denn ich kenne ihre Geschichte und habe mich mit ihrer Politik, Wirtschaft, Kunst und Kultur beschäftigt.« Dann hält sie nachdenklich inne, als wäre es ihr etwas unangenehm, das Interesse auf sich gelenkt zu haben.

»Good,« Alice said, bringing the exercise to an end. »I will do my best to ensure that your wishes are fulfilled.« She stood in front of the group, which was sitting in a half circle, and asked »What is interculturalization?« She wrote the question on the flipchart. Then she followed with »What is intercultural and what is culture?« Facing the audience, she said »A company that is a global player is not automatically intercultural. An expatriate who speaks English and lives abroad is also not automatically intercultural.« Jean snapped her fingers loudly and said, »I live interculturally« (pause) »because my family immigrated to the UK.« Then she looked at Fleur »It's the same for her. For me ›intercultural‹ means that I can operate in either culture effectively. I know why the British are the way they are because I know their history, politics, business and culture.« Then she looked very pensive as if she had just brought up something quite uncomfortable.

Ralph lehnt sich im Stuhl zurück und faltet die Hände hinterm Kopf: »Für Personen, die international unterwegs sind, ist es wichtig zu wissen, wie Menschen im anderen Land sind und warum sie oft so anders handeln.« Bert ergänzt: »Ihr Verhalten ist nicht besser oder schlechter, nur anders. Das muss akzeptiert werden. Inder sollen sich nicht wie Deutsche verhalten und die nicht wie Amerikaner.« »Jedes interkulturelle Training sollte auch folgende zwei Lernfelder betrachten«, verstärkt Alice ihre Botschaft.

Eigene Kultur – Own Culture

- Wer bin ich?
  Who am I?

- Wie bin ich kulturell geprägt?
  How am I affected by culture?

- Wie gehe ich mit Problemen um?
  How do I deal with problems?

Fremde Kultur – Other Culture

- Welche Tradition haben diese Menschen?
  What traditions do they have?

- Was bedeutet ihnen Hierarchie, Respekt?
  What do the concepts of hierarchy and respect mean?

- Was verstehen sie unter Zuverlässigkeit, Zeit, Arbeiten?
  How do they view reliability, time and work?

- Wie gehen sie miteinander um?
  How do they interact amongst themselves?

- Wie tragen sie Konflikte aus?
  How do they handle conflict situations?

Ralph leaned back in his chair with his hands hehind his head »For people who travel internationally, it is important to know how people in other countries are and why they behave differently.« Bert added, »Their not behavior is better or worse, it is simply different. That must be accepted. Indians should not behave like Germans and Germans should not behave like U.S. Americans.« »Every intercultural training should also have these two learning levels,« supported Alice.

»Es gibt im Grunde viele kulturelle Unterschiede zwischen Menschen, sogar zwischen Geschwistern, die die gleichen Eltern haben.« Alice steht auf und geht einige Schritte im Raum umher, um Zeit zum Nachdenken zu geben. »Was ist Kultur? Wie entwickelt sich unser kulturelles Verhalten? Wie kommunizieren wir unsere Meinungen?« Alice sieht nachdenklich in die Ferne, durch das Fenster auf die Mauer, die von dunkelblauen Winden umrankt ist. Das Licht deutet auf die Hitze des Tages.

»There are many cultural differences between people, even between siblings with the same parents,« Alice stood up and walked around the room, giving herself time to develop her thoughts further. »What is culture? How does our cultural understanding develop? How do we communicate our opinions?« Alice stared thoughtfully out the window, at a wall with a dark blue border. The sunlight was at its brightest level of the day.

»Es fängt sofort nach der Geburt an: Wir alle haben den Wunsch, ernährt und versorgt zu werden, Zuneigung und Aufmerksamkeit zu bekommen. Das ist universell. Dann lernen wir, das zu imitieren, was uns gesellschaftlich, also in der Familie, der Schule und sonst überall vorgelebt wird. Wir lernen schließlich Gutes von Bösem zu unterscheiden, nicht alles nachzumachen, sinnvolles Verhalten auszuwählen. Doch was sinnvolles Verhalten ist, definiert die Gesellschaft und Kultur, in der wir leben. Wir lernen, positive Eigenschaften zu zeigen, andere, die in einem bestimmten Kontext nicht adäquat sind, zu verstecken. Wir lernen Neigungen zu erkennen, gegebenenfalls Vorlieben und Interessen zu fördern bzw. zurückzuhalten, je nachdem, was uns die Kultur auferlegt. Schließlich lernen wir unser individuelles Kulturmuster herauszubilden, das wir stets, ob es uns gefällt oder nicht, im ›Biografischen Rucksack‹ mit uns herumtragen. ›Mensch werden‹ ist ein langer Weg, und viele Personen tragen die Verantwortung für das, was sie aus uns gemacht haben. Aber auch wir selbst müssen unser Verhalten verantworten.«

»It starts with our birth. At first our needs are universal; to be taken care of, to be shown love and to receive attention. Then we learn to imitate what we see in society; in our family, school and all around us. Immediately, we learn to differentiate between the behavior that is acceptable and expected and that which is not. What is acceptable behavior is defined by the society and the culture in which we live. We learn to show positive characteristics and to hide those that are not acceptable in certain contexts. Then we learn to recognize our tendencies and develop our inclinations and interests based on what is valued in the culture and to hold back what is not. Finally, we learn to create our own individual cultural example, which we place in our ›Biographical backpack‹ and carry with us wherever we go, regardless of whether we like it or not. ›To grow up‹ is a long road, and those around us are responsible for the kind of people we become. But we must also take personal responsibility for our actions.

Carlotta fühlt sich als Rollstuhlfahrerin aufgerufen und sagt: »Bei B. arbeiten mehrere Behinderte, sogar aus verschiedenen Ländern, aber die Nicht-Behinderten wissen nicht, wie sie mit uns umgehen sollen. Und ältere Mitarbeiter werden oft belächelt, obgleich sie viele Kompetenzen haben.« »Ja«, fügt Bert hinzu, »diesbezüglich sind wir in manchen Geschäftsstellen sehr nachlässig«. »All das«, greift Alice ein, »hat etwas mit Diversity Management zu tun, das Managen der unterschiedlichen Persönlichkeiten und ihrer individuellen Bedürfnisse hinsichtlich gleicher Chancen für diese Leute. Hier, in Australien, wird darüber viel diskutiert, und Programme werden eingeführt.« Ralph unterbricht: »Bei uns in den USA und Kanada auch.« »Ich«, holt sich Alice das Thema zurück, »spreche gerne von dem Kulturschirm, der auf drei Säulen ruht:

- Diversity Management,
- Intercultural Management und
- Gender Management.

Das hat alles etwas miteinander zu tun: Es geht um die Schärfung des Blicks, Unterschiede zu identifizieren, und um Kompetenz und Mut, mit diesen Personen gerecht umzugehen und sich für sie einzusetzen.« »So gesehen, sind alle Menschen verschieden, und das hat alles mit interkultureller Sensibilisierung zu tun«, resümiert Jean.

»Ja«, ergreift Alice das Wort, geht zum Flipchart und schreibt ›Geert Hofstede‹ auf das Papier. »Um mit seinen Worten zu sprechen, gibt es zwar die Nationalkultur (Was ist aber australisch, bei so vielen Einwanderern?) und die Ethnienkultur. Darüber hinaus ergeben sich kulturelle Prägungen durch die soziale Schicht, der wir angehören, durch die Hautfarbe, die Erfahrungen in der Region, in der wir aufgewachsen sind: Es ist anders, im Dschungel, der Wüste, am Meer, in einer Metropole oder im Dorf aufzuwachsen. Die einen lernen mit Überschwemmungen, andere mit Trockenheit und Sandstürmen umzugehen, mit dem Sonnenuntergang schlafen zu gehen oder mit Licht den Tag zu verlängern.«

Carlotta felt inspired to respond to this and said, »There are several physically challenged people from different countries who work at B., but those who are not physically challenged often don't know how to act around us. Older employees are often laughed at, even though they have many valuable skills.« »Yes,« Bert added, »we are particularly behind in these matters.« »All of this,« Alice continued, »has to do with Diversity Management. Employees with different personalities and unique needs should have the same opportunities. This topic is often discussed and presented in programs here in Australia.« »Also in the U.S. and Canada,« Ralph interjected. »I,« Alice said returning to her point, »often speak of a cultural umbrella which exists on three pillars:

- Diversity Management,
- Intercultural Management and
- Gender Management.

51

They are all three intertwined. It involves honing your perceptive skills to identify differences, and it requires competence and courage to deal with people in such situations and to intervene on their behalf.« »So, all people are different and recognizing those differences requires intercultural sensitivity,« Jean summarized.

»Yes,« Alice confirmed. She then walked to the flipchart and wrote ›Geert Hofstede‹ on the paper. »To use his words, there is National Culture (what is Australian, considering the numerous immigrants there?), and Ethnic Culture. In addition to these cultural groups, our social class, our skin color and our experiences in the region where we grew up, make up elements of who we are. It is completely different to grow up in a jungle, a dessert, by the ocean, in a big city or in a village. Some learn to survive regular flooding, or drought and sandstorms, or to sleep when the sun sets or to extend the day with man-made light.«

»Die Religion und was sie uns bedeutet, beeinflusst die kulturelle Prägung in unserem ›Biografischen Rucksack‹ sehr.« »Der Islam ist wie ein Netz«, greift Ali ein, »das uns in jeder Situation leitet und beschützt. Gläubige Muslime zweifeln nicht und geben sich ganz hin. Sehr viele Menschen in westlichen Gesellschaften sind nicht mehr gläubig. Also leben sie völlig anders.« »Es spielt auch eine Rolle, ob wir eine Frau oder ein Mann sind, welcher Generation wir angehören, ob wir als Gesunde oder Kranke oder Behinderte unser Leben leben usw.«, stellt Yingping fest.

Alice fasst zusammen: »Sie sehen, es gibt diverse kulturelle Unterschiede, und jede Person hat ein Recht darauf, so zu leben, wie sie es möchte, ohne diskriminiert zu werden oder andere zu belästigen: jung oder alt, als Mann oder als Frau, weiß oder schwarz, mit Kindern oder ohne, mit oder ohne Job. Lassen Sie uns zum Schluss kurz überlegen und notieren, was unser Unternehmen bezüglich Interkulturalisierung bereits tut.«

»Religion and what it means to us influences our cultural perspective in our ›Biographical backpack‹.« »Islam is like a network,« Ali added, »which guides and protects us in every situation. Practicing Muslims do not hesitate to have complete faith in this network.

Many people in western societies are no longer religious. Therefore they live life completely different.« »How you live your life is also dependent on whether you are a man or a woman, which generation you belong to, or if you are healthy or physically challenged,« Yingping added.

»You see that there are diverse cultural differences and every person has a right to live however he or she wishes without being discriminated against or harassed; young or old, man or woman, black or white, married or unmarried, with or without children, or a job,« Alice summarized.

»Let's finish up this topic by thinking about and writing down what our company already does with reference to interculturalization,« Alice said.

Was wir bei B. beobachten können
What We Can Observe at B.

- **Gloria**: »Viele Manager der oberen Etage reisen für die Firma in der Welt herum, von Frauen oder Migranten in diesen Positionen habe ich noch nichts gehört.«
  »Many upper-level managers travel on business around the world and I do not know any who are women or immigrants.«

- **Bert**: »Immerhin gibt es inzwischen Auslandvorbereitungen für Fach- und Führungskräfte und interkulturelle Teamtrainings.«
  »At least there are international preparation seminars and intercultural team training for employees.«

- **Yingping**: »Es gibt Re-Integrationsseminare, die aber von Zurückgekehrten selten angenommen werden.«
  »There are re-integration seminars available, but managers returning from assignments abroad rarely take adventage of them.«

- **Ali:** »Viele sprechen Englisch, und weil das die internationale Business-Sprache ist, werden alle anderen Sprachen immer mehr vernachlässigt. Hinter Sprachen stehen aber Menschen mit ihren Kulturen, auch die werden diskriminiert.«
  »Many speak English because it is the international language for business, but this means that fewer and fewer people learn other languages. You can understand a lot more about a culture and its people if you speak their language. Those who are not native English-speakers are discriminated against in this way.«

Alice geht zum nächsten Brainstorming über: »Wenn wir darüber hinaus an eine wachsende interkulturelle Kompetenz unseres Unternehmens denken, dann sollten wir uns das aus der Perspektive einzelner Personen oder Abteilungen anschauen und nach dem Interesse an mehr Interkulturalisierung fragen. Was fällt Ihnen dazu ein?« (s. S. 55f.)

Alice moved to the next brainstorming session and said
»If we think further about
an extensive intercultural
competence for our company,
we should think from the perspective of one person or department and ask ourselves
what needs to be more interculturalized. What ideas do you
have?«

»Gut, wir werden sehen, was wir dazu beitragen können. Das war's für heute. Morgen werden wir uns darüber unterhalten, was B. noch tun könnte. Zum Schluss möchte ich Ihnen auch mein Motto verraten, welches mit der Situation bei B. zu tun hat: ›*Es kommt einzig und allein darauf an, die Barrieren der Gleichgültigkeit zu durchbrechen.*‹ Dafür sind wir hier zusammengekommen, weil es uns nicht gleichgültig ist, was mit uns bei B. geschieht. Einen schönen Abend und erholen Sie sich vom Jetlag«, verabschiedet sich Alice.

»Good, we will see what we can put together with those ideas. That's all for today. Tomorrow we'll discuss what more B. can do. To end I would like to share with you my motto, which has to do with the current situation at B. ›*The ultimate aim is to break-through the barriers of indifference.*‹ That's why we are here. We are not indifferent about what happens to us at B. Have a nice evening and I hope you recover from your jetlag,« Alice concluded.

Brainstorming Interkulturelle Kompetenz bei B.
Brainstorming Intercultural Competence at B.

- **Raj**: »Die Geschäftsleitung wünscht mehr internationalen Erfolg und versteht darunter mehr internationales Business zu eigenen Gunsten.«
  »*The top management wants more international success and that means to them more international business where we will have an advantage over our competitors.*«

- **Yingping**: »Der Vorstand steht unter Erfolgs- und Konkurrenzdruck anderer Unternehmen der gleichen Branche.«
  »*The Board of Directors is under time and competitive pressure to get ahead of the competition in the same industry.*«

- **Carlotta**: »Herr St., der Neue im Vorstand, gehört zur jüngeren Generation. Er kennt das von seinem vorherigen Unternehmen und weiß, wie schnell man in kulturelle Fettnäpfchen treten kann.«
  »*Mr. St., the new member of the Board of Directors is from the younger generation. He knows from his experience in his previous position how easily one can make cultural faux pas.*«

- **Jean**: »Führungspersonal ist immer häufiger unterwegs. Ich kenne Kollegen, die mit ihren Familien weg waren. Den Frauen ging es oft nicht gut, manches Paar hat sich getrennt und ist frühzeitig heimgekehrt.«
  »*Managers are travelling more and more theese days. I know colleagues who were moved with their families abroad. The wives did not have a good experience, many of the couples separated as a result and then had to return home early.*«

- **Gloria**: »Es gibt Mitarbeiterinnen und Mitarbeiter, die oft unterwegs sind, und wenn sie wieder zu Hause sind, reden manche fast rassistisch über die Menschen im Land XY.«
  »*There are colleagues who often travel abroad and when they return home they make racist comments about the people in country X or country Y.*«

- **Fleur**: »Meine Kollegin ist öfter in Asien, besonders in China und Indien hatte sie anfangs ziemlich viele Schwierigkeiten. Sie fühlte sich nicht akzeptiert. Sobald ein Kollege dabei war, hatte man nur mit ihm gesprochen.«
  »*A woman colleague of mine is often in Asia, especially China and India. She has had a lot of problems. She does not feel accepted there. If a male colleague is with her, the locals only speak to him.*«

- **Murat**: »Ich erlebe es immer wieder, wie unterschiedlich die E-Mails verfasst sind, die aus Deutschland oder Südamerika oder Südost-Asien kommen. Daran merkt man auch verschiedene kulturelle Einstellungen.«
  »I also notice how differently e-mails that come from Germany, South Africa or Southeast Asia are written. Through these e-mails one can clearly see cultural differences in communication.«

- **Ralph**: »Ich weiß, dass man in Deutschland hofft, dass sich mehr Frauen für höhere Positionen melden. Daher sollten wir das unterstützen, um wirklich interkulturell zu sein.«
  »I know that in Germany people hope that more women will apply for higher positions. Therefore we should support this in order to be more intercultural.«

- **Ali**: »In Indien habe ich mehrere Expatriates erlebt, die sich sehr unhöflich verhalten haben. Die einen behandelten uns wie Kinder, andere akzeptierten unsere älteren Vorgesetzten nicht. Ist das ein kulturelles Problem oder nur Frechheit?«
  »I have met expatriates in India who behave very impolitely. Some of them treat us like children, others do not accept our older directors. Is that a cultural problem or a question of manners?«

- **Bert**: »Wenn wir Besuch aus Brasilien haben, wird das ganze Büro unruhig. Da kommen manchmal mehrere Personen, sind laut und bringen uns ganz durcheinander. Aber wir sind doch alle im Ausland, wenn wir unterwegs sind, und sollten lernen, eine Brücke zu bauen.«
  »When we have visitors from Brazil, the entire office is chaotic. Often more than one visitor comes and they speak passionately and loudly. It makes us feel completely overwhelmed. When each of us is abroad we should learn to build a bridge between what we are used to and what is normal for those whom we visit.«

Die Erkundung:
Weggehen für eine neue Sichtweise
The Exploration:
Leaving for a New View

Bert betritt den Raum, der mit großen Postern mit Motiven aus vielen Ländern geschmückt ist. »Die ganze Welt ist hier versammelt«, ruft Gloria ihm zu, die schon da ist. »Hast du bemerkt, dass alle Bilder Landschaften und Natur zeigen? Siehst du die einzelnen Pflanzen und Tiere? Gebäude sind nur im Hintergrund angedeutet. Manches kann ich erkennen, vieles nicht«, fährt sie fort.

»Guten Morgen«, schallt es fröhlich, als Alice mit den anderen reinkommt. Sie trägt einen dunkelroten Anzug aus dünnem Stoff, eine weiße Bluse und flache dunkelrote Schuhe. Sie bemerkt, dass sich inzwischen alle vertrauter sind. »Wie geht es euch? Habt ihr gut geschlafen, mit zu Hause telefoniert? Oder habt ihr letzte Nacht Melbourne auf den Kopf gestellt?«

»Yingping und ich saßen hier auf der Terasse vor dem Haus und haben viel über uns erzählt«, berichtet Carlotta.

Bert entered the training room first and discovered that it was decorated with big posters showing landscapes from different areas of the world. »The whole world is collected here,« said Gloria to those who had already arrived. »Did you notice that every picture shows the wildlife of the region? Look at all the plants and trees. Buildings are only in the background. I recognize most of it but not all,« she continued.

»Good morning,« Alice said happily to the group as she walked in. She was wearing a burgundy suit made of a thin material, a white blouse and flat burgundy shoes. She noticed that everyone was present. »How is everyone? Did you sleep well? Call home? Or did you check out the night life in Melbourne last night?«

»Yingping and I sat here on the terrasse in front of the building and talked for a long time,« Carlotta reported.

»Wir«, Ali zeigt auf Murat und Ralph, »waren zum Schlemmen in einem italienischen Restaurant in der Lygon Street.« Bert, Fleur und Raj gingen eine Weile spazieren, und Gloria und Jean zogen sich bald zurück. Auch Alice saß eine Weile auf der Terrasse und unterhielt sich mit der einen oder anderen Person.

»Heute geht es darum«, ruft sie Hände klatschend in den Raum, um Ruhe zu erreichen, »dass wir neue Ideen für die Interkulturalisierung unserer Firma entwickeln. Neue Ideen sind aber nicht einfach so da, sie brauchen Muße, Abstand, Fantasie und die Chance, dass vielleicht Unmögliches gedacht werden kann. Nur so wachsen den Inspirationen Flügel, ohne die es nichts Neues geben kann. Wir kennen das alle: Beim Spaziergang oder während der Hausarbeit, beim Kochen oder morgens beim Aufwachen leuchtet scheinbar plötzlich die Birne auf. Oder manchmal treffen wir eine Person, die uns für kurze Zeit zum Sprudeln bringt. Mir geht es dann so, als läge Champagner in der Luft und ich überschlage mich mit guten Ideen. Das heißt, wenn wir aus der alltäglichen Berufssituation entfernt sind, gelingt es uns leichter, den Berg aus der Distanz zu erkennen. Und dann fällt uns die Struktur des Berges auf, der Kamm oder einzelne Bäume. Es sind die vielen guten Gedanken, die auf einmal da sind.« Ali unterbricht: »Ich hab die besten Ideen, wenn ich auf dem Weg in meine Oase bin.« »Und ich draußen, in der Natur«, ergänzt Fleur.

»Heute werdet ihr die meisten Stunden nicht in dieser Gruppe und in diesem Haus verbringen, sondern dort, wohin ihr gehen mögt. Macht, was ihr wollt. Abends werden wir uns dann wieder treffen.«

Carlotta stützt ihren Arm auf die Rollstuhllehne und den Kopf in die Hand. Ralph zieht seine Augenbrauen hoch und streift sich mit den Fingern der rechten Hand durch die Haare. Ali zieht geräuschvoll Luft ein. Offensichtlich sind einige erstaunt. Während sich Gloria erfreut die Hände reibt, steht Jean auf, geht zum Fenster und wendet sich fragend an Alice und die Gruppe: »Geht das, schaffen wir dann unsere Arbeit?« »Oh, das geht, so ein Tag kann auch sinnvolle Arbeit sein«, weiß Carlotta.

»We,« Ali pointed to Murat, Ralph and himself, »went out to eat at an Italian restaurant on Lygon Street and enjoyed ourselves.« Bert, Fleur and Raj went for a long walk and Gloria and Jean stayed in her rooms. Alice also sat and chatted with different people on the terrasse.

»Today we will,« she clapped her hands to get everyone's attention, »develop new ideas to interculturalize our company. New ideas are not very easy to come by. You need peace, space, imagination and the opportunity to think about things that have not been thought of yet. Spreading your inspirational wings to come up with something new is only possible when these components exist. We all know the experience when we take a walk, clean the house, cook or first wake up, and then we are suddenly struck with inspiration. Or often we meet a person who after only a short time inspires us to think differently and take a new perspective on something. For me it is like opening a bottle of champagne. Once the cork has been released, lots of good ideas come pouring out. When we are away from our normal everyday work it is easier for us to see things clearly. In our daily routine we cannot see the forest through the trees. In a new environment we can recognize the details on the mountain in the distance such as specific trees or a ridge. Suddenly many good ideas come to mind.« »I have my best ideas when I walk in my desert oasis at home,« Ali shared. »And for me when I'm ouside in nature,« Fleur added.

»Today you will spend most of your time outside of this group and this room. You can go whereever you want. Do what makes you feel most comfortable. We will meet again this evening.« Carlotta put her elbow on the armrest of her wheelchair and then leaned her head on her hand. Ralph raised his eyebrows and slowly ran his fingers through his hair. Ali took a deep breath. Clearly several of the group members were shocked. While Gloria was joyously rubbing her hands together, Jean stood up and walked over to Alice and asked so the group could hear, »are you sure that we will be able to accomplish our work?« »Oh, a day like this can be very productive,« Carlotta said with authority.

Zunächst aber motiviert Alice die Teilnehmer dazu, je ein Poster aus ihrem Land zu wählen und den anderen gegenüber zu präsentieren. »Gloria, wenn du diese Sonnenblumenfelder aus Andalusien betrachtest, was fühlst du dabei?«»Das kenne ich sehr gut. Hm, wie ich mich fühle? Ich fühle mich wohl, ich sehe die Sonne und spüre die Wäme. Von dort her kommt die Familie meiner Mutter, das ist mir sehr vertraut.«»Und wenn du das Bild von Fleur nimmst, wie fühlst du dich dann?«»Das Strandmotiv ist schön. Ich sehe zwar keine Menschen am Strand, aber ich weiß, dass dort Französisch gesprochen wird. Das kann ich nicht und deswegen fühle ich mich fremd.«»Und wie geht es dir, Bert, wenn du deine Berge nicht mehr hast, sondern dich in Yingpings Dschungelbild orientieren musst?« »Da würde ich umkommen. Dort zu leben ist für mich nicht vorstellbar.«»Seht ihr«, resümiert Alice, »darum geht es: Wir alle sind woanders fremd und brauchen Unterstützung, um zu überleben. Wir brauchen Konzepte, Programme und mutige Personen, die sie umsetzen.«

»Gut, jetzt ist es gleich 10 Uhr«, mischt sich Alice ein und dreht sich zur Pinnwand um. Guckt bitte, da steht einiges.« (s. S. 61)

Then Alice tried to further convince the participants by asking them to look at a poster from their country. »Gloria, when you look at this sunflower field from Andalusia, how do you feel?« »I know it well. Hmm, how do I feel? I feel good. I see the sun and I feel its warmth. My mother's family comes from that region and I feel very at home there.« »And when you look at Fleur's picture how do you feel then?« »The beach motif is beautiful. I don't see any people in the picture but I know that French is spoken there. I can't speak French, so I feel like an outsider when I look at it.« »And how would you feel, Bert, if you no longer had your mountains and instead had to orient yourself to Yingping's jungle picture?« »I couldn't survive there. I can't imagine living there.« »You see,« resumed Alice, »that's what this is all about. We are all outsiders somewhere and need support in order to feel comfortable and at home there. We need concepts, programs and courageous people to implement them.«

»Good, now it is about 10 a.m.,« Alice said as she turned to face the pinboard. »Please take a look at this important information.«

Der Erkundungstag
The Exploration Day

- Es gibt für jede Person ein Päckchen mit einem Stadtplan und Informationen über Melbourne und die nähere Umgebung.
  There is a packet for each person with a city map and information about Melbourne and the surrounding area.
- Alles, was ihr unternehmen wollt, ist erlaubt.
  Anything that you would like to do is allowed.
- Pro Person stehen 120 AUD für Fahrten und Essen zur Verfügung (gegen Quittungen).
  Each person will be reimbursed up to 120A$ for their travel and food (with receipts).
- Um 19:00 Uhr gibt es hier Abendessen.
  At 7 pm dinner will be served here.
- Um 20:00 Uhr treffen wir uns im Seminarraum wieder.
  At 8 pm we will meet in the seminar room.
- Sollte es ein Problem geben, bitte anrufen: 0061-30407-300-900.
  If you have any problems please call me: 0061-30407-300-900.

»Habt ihr noch Fragen, gibt es noch etwas, was wir besprechen sollten? ... Nein, dann wünsche ich euch einen schönen Tag und freue mich auf eure Ideen«, verabschiedete sich Alice. – Alle holten sich ihre schmalen Informationspäckchen und wühlten darin. Bert ging gleich. Ali, Jean, Ralph und Raj verabschiedeten sich kurz danach. Fleur bot Carlotta an, den Tag gemeinsam zu verbringen, aber diese lehnte ab: »Nimm's mir nicht übel, ich komme gut alleine durch und freue mich darauf.« Carlotta verschwand. »Und was machen wir?«, wollte Gloria wissen. »Lasst uns zur City Circle Tram gehen«, schlug sie vor. »Kennt ihr die kostenlose Bahn, die um den Stadtkern fährt? Jede Person kann an jeder Haltestelle ein- und aussteigen, wo sie möchte.« Fleur, Gloria, Murat und Yingping spazierten durch den nahe liegenden Park zur City Circle Tram.

»Does anyone have a question? Is there anything else that we should discuss? ... No? Ok, then I hope you all have a good day and I look forward to your ideas,« Alice closed. – Each participant picked up a thin information packet and read it over eagerly. Bert left immediately. Ali, Jean, Ralph and Raj left soon after. Fleur offered to spend the day with Carlotta, but she declined. »Don't take it personally, but I'll be fine alone. I'm actually looking forward to having some time for myself.« Then Carlotta left. »And what shall we do?« asked Gloria. »Why don't we take the City Circle Tram? Do you know about the free train that travels around the city center? You can get on and off whenever you wish. We can all get on together and exit separately in which ever direction looks interesting,« suggested Gloria. Fleur, Gloria, Murat and Yingping walked together through the nearby park to the City Circle Tram.

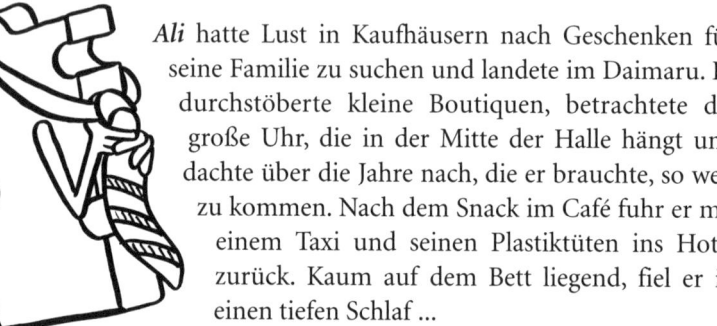

Ali hatte Lust in Kaufhäusern nach Geschenken für seine Familie zu suchen und landete im Daimaru. Er durchstöberte kleine Boutiquen, betrachtete die große Uhr, die in der Mitte der Halle hängt und dachte über die Jahre nach, die er brauchte, so weit zu kommen. Nach dem Snack im Café fuhr er mit einem Taxi und seinen Plastiktüten ins Hotel zurück. Kaum auf dem Bett liegend, fiel er in einen tiefen Schlaf ...

Ali decided to buy some presents for his family from a department store. He ended up in Daimaru. As he was browsing through some small boutiques, he looked up at a large clock, which hung in the middle of the hall. He thought about his past and how far he had travelled. After having a snack in a café, he took a taxi and his shopping bag back to the hotel. As soon as he lay down on the bed he fell into a deep sleep ...

Bert hatte sich zielstrebig zum Rialto Tower am anderen Ende des Stadtzentrums durchgeschlagen, um sich dort vom Observation Deck aus zu orientieren und den Blick auf die Stadt zu genießen. Nach einer Weile entschied er, mit dem Schiff nach Williamstown an die andere Seite der Port Phillip Bay zu fahren. Mit Wasser und Strand hatte er wenig zu tun, deshalb reizte es ihn sehr, sich der Sonne und dem Wind auf dem Deck des Schiffes auszusetzen.

Bert headed to the other side of the city center to the Rialto Tower. There he could look out from the Observation Deck, enjoy a view of the whole city from above and decide what he wanted to see next. After quite a while he decided to take a ship to Williamstown, which was on the other side of Port Phillip Bay. At home he rarely saw water and sand, so he thoroughly enjoyed basking in the sun and feeling the force of the wind from the deck of the ship.

Carlotta rollte vom kleinen Familienhotel der George Street direkt in die Fitzroy Gardens. Sie hatte von der Blumenvielfalt im Conservatory House gehört und wollte sie unbedingt sehen. Ihre erste Rast im Park machte sie neben einer Bank am Cooks Cottage. Sie lauschte den Vögeln und betrachtete die fremden Pflanzen. Plötzlich sah sie große Kamelienbüsche, die noch Blüten trugen. Wie prachtvoll! In Italien sind sie kaum noch zu finden. Carlotta liebte die Kühle des Parks, atmete tief durch und nickte schließlich in ihrem Rollstuhl ein. Jäh wachte sie auf, als immer mehr Menschen aus allen Teilen der Welt an ihr vorbei in beide Richtungen eilten. »Warum und wie die wohl alle nach Melbourne kamen?« dachte sie. »Wie es ihnen gehen mag? Werden sie hier etwas vermissen?« Schließlich fiel ihr auf, dass die Mehrheit der Leute mit ihren Sandwiches und Wasserflaschen in eine Richtung gingen. Als sie folgte, hörte sie schon von weitem Musik. Alle eilten zum Orchester, um sich auf der Wiese den schönsten Platz zu suchen und das Blues-Konzert zu genießen. Eine Vorbeieilende bemerkte: »Mittagspause mit Musik im Park, das ist ein super Angebot der Stadt.« »Ja«, dachte Carlotta und holte auch ihr Essen aus der Tasche.

Carlotta rolled directly from the small family hotel on George Street to Fitzroy Gardens. She had heard a lot about the unique variety of flowers in the Conservatory House and did not want to miss seeing them. Her first stop in the park was next to a bench in Cooks Cottage. She intently listened to the songs of the birds and focused on the unusual plants. Then she spotted a camelia bush, which was still in bloom. How magnificent it was. In Italy such bushes are very rare. Carlotta enjoyed the coolness of the park. She breathed deeply and it revived her. She watched as people from all over the world rushed by in both directions. »Why and how did they all come to Melbourne?« she wondered. »Were they happy to leave?« »Do they miss something here?« Then she realized that most of the people who were walking in a certain direction were carrying sandwiches and water bottles. As she followed, she could hear music coming from the distance. They were rushing to hear an orchestra, sit in the park and enjoy a blues concert. One of the people rushing in front of her said »A lunch break with music in the park, now that's one of the city's best ideas.« »Yes,« Carlotta agreed and pulled her food out of her bag.

Fleur, die zunächst mit der City Circle Tram fuhr, stieg einige Stationen später wieder aus, um durch die Carlton Gardens zum neuen Museum von Melbourne zu gehen. Begeistert war sie vom tropischen Innenkern des Museums mit seinen Tieren und Pflanzen. Aber dann nahm sie die Straßenbahn und fuhr nach St. Kilda zum Strand. Am Strand in Marseille hatte sie sich immer wohl gefühlt. So zog sie ihr Baumwolltuch aus der Tasche und legte sich nach einem längeren Spaziergang in den warmen Sand. Möwen kreischten, die Wellen des Wassers trugen sie schließlich in Gedanken nach Hause.

Fleur took the City Circle Tram a few stops and then exited so she could go to the Carlton Gardens. She walked through the gardens to the New Museum of Melbourne. She was impressed by the tropical center of the museum, which was filled with animals and plants. Then she took the tram to the beach called St. Kilda. On the beach in Marseille she had always felt at home. After taking a long walk she took her cotton towel out of her bag and spread it out on the warm sand. Screaching seagulls, crashing waves and the water lapping up on the shore mantally transported her home.

Gloria fuhr bis zur Queen Street, um von dort aus zum Queen Victoria Market zu gelangen. »Dies soll der größte Markt Australiens sein«, hatte man ihr noch in Madrid berichtet. Australien bietet alle denkbaren Früchte- und Gemüsesorten. »Ja, was für ein Reichtum«, dachte sie, »diese Vielfalt, wenn grüner Spargel neben roter Paprika, gelben Birnen und weißen Pilzen kunstvoll präsentiert wird. Alles verträgt sich miteinander. Zwanzig und mehr verschiedene Produkte an einem Stand sind nicht selten«, stellte Gloria bewundernd fest. »Was für ein Luxus, diese Auswahl, wenn Brote, Gebäck, Pasteten und Käse so ausgestellt werden, dass einem das Wasser im Munde zusammenläuft.« Mit einem Stück Pizza in der Hand nahm sie an einem der Tische an der Außenseite der Markthalle Platz.

Gloria traveled to Queen Street in order to visit the Queen Victorias Market. »This is supposed to be the biggest market in Australia,« she had heard in Madrid. Australia has every imaginable fruit and vegetable. »Yes, what an incredible assortment,« she thought. »This is an amazing variety: green asperagus, next to red peppers, yellow pears and white mushrooms all so artistically presented. It all goes so well together. Twenty or more products on each stand is not rare here. What a luxury to have such variety to choose from. The same variety exist with bread, baked specialties, pâté, and cheese. It's hard to stop your mouth from salivating.« With apiece of pizza in her hand, she took a seat at a table outside the market hall.

Jean fuhr mit einem Taxi zum Immigration Museum, um sich über die verschiedenen Migrationsepochen zu erkundigen. Sie erfuhr über einzelne Schicksale britischer Bürger, die deportiert worden waren. Sie sah Bilder von Menschen auf Schiffen, die wie Tiere eingepfercht wurden. Sie las mit Entsetzen persönliche Berichte von Eingewanderten, die in der Wüste wie ein Stück Vieh dahinvegetierten. Sie hörte Kassetten, auf denen Frauen davon berichteten, wie es war, den Wald zu roden, eine Hütte zu bauen und Felder anzulegen. Jean dachte an ihre Familie, die in Europa einen Neubeginn wagte. Obwohl sie selbst schon in England geboren wurde, fühlt sie sich genauso wie ihre Familie fremd. Doch sie hatte immer den Vorteil, in und mit beiden Kulturen zu leben. Nachdenklich machte sie sich danach auf den Weg zu AMES, einer Organisation, die sich um Einwanderer kümmert. Sie war neugierig zu erfahren, was Migranten heute angeboten wird. Mit einigen Hochglanzbroschüren setzte sie sich dann ins Café unten ins Gebäude.

Jean took a taxi to the Immigration Museum because she wanted to learn about various migration movements. She read about the fate of numerous British citizens who were deported and sent to Australia. She saw pictures of people on ships who were treated like animals, herded together in close quarters. She was upset by the personal stories of immigrants who were moved like cattle into in the desert. She heard cassettes on which women described how it was to clear forests and build huts and to plant fields. Jean thought about her family, which was starting a new life in Europe. Even though she herself was born in England, she felt like just as much of an outsider as her family did. But she had the advantage that she could live in and with both cultures. Deep in thought, she wandered to AMES, an organization that assisted migrants to settle into their new environments. She was curious to see what they offered immigrants in Australia. With several glossy brochures in hand, she sat down in a café on the lower level of the building.

Murat verließ am Bahnhof Flinders Street Station die City Circle Tram, lief über den Yarra-Fluß durch die Queen Victoria Gardens, zur Kings Domain bis zu den Royal Botanic Gardens. Nach über einer Stunde Weg legte er sich ins trockene Gras am Ornamental Lake. Er war dankbar, Schatten spendende Bäume über sich zu haben. Doch was er da entdeckte, überraschte ihn sehr. Die Bäume um ihn herum waren in Scharen mit schwarzen und schlafenden Fledermäusen behängt. Riesige Flying Foxes in so einer Menge, dass es gewaltig sein musste, wenn diese abends aufbrechen.

Murat exited the City Circle Tram at the Flinders Street Station. Then he walked over the Yarra River, through the Queen Victoria Gardens, to the King's Domain, and then to the Royal Botanical Gardens. After walking for over an hour, he lay down on the dry grass by the Ornamental Lake. He was grateful to have trees above him that provided shade for him to lie in. Looking up at the trees he discovered something very surprising. They were covered with hanging, black, sleeping bats! Huge Flying Foxes they were called. He imagined the force that so many bats flying out of the trees would have when they awoke after sunset.

Ralph besorgte sich umgehend ein Taxi für den ganzen Tag. Er wollte zum »Arthurs Seat«, südöstlich von Melbourne, wo sich vor über 200 Jahren die ersten Europäer/innen angesiedelt hatten. Die Aussicht aus 300 m Höhe über die Bucht ist sagenhaft. Ralph kaufte sich und dem Fahrer kaltes Mineralwasser und genoss den weiten Blick und die frische Luft. Der Wind kühlte die Hitze, und so war es ihm angenehm. Am liebsten wäre er dort oben geblieben, doch nach einer Stunde fuhren sie an eine der kleinen Buchten der Mornington Peninsula. Mit seiner dunklen Hose wollte er sich nicht in den hellen Sand setzen, er blieb im offenen Wagen sitzen und döste vor sich hin.

Ralph ordered himself a taxi for the day. He decided to visit Arthurs Seat, southeast of Melbourne. It was there that over 200 years ago the first European had settled. The view from over 300 meters above the bay is incredible. Ralph bought himself and the taxi driver a cold mineral water and enjoyed the breathtaking view and the fresh air. He felt comfortable because there was a nice breeze blowing to counteract the heat of the day. He would have liked to remain above, but after an hour they drove to a small bay on the Mornington Peninsula. He did not want to sit in the sand because he was wearing black pants so instead he stayed in the open taxi and daydreamed.

Raj machte sich zum Yarra River auf, weil er ein Fan von Bootsfahrten ist. Er nahm auf dem Deck eines Schiffes Platz und zog sich die Schirmmütze tief ins Gesicht.

Eine Stimme erzählte über die Gebäude und Parks auf der rechten und linken Uferseite und darüber, dass sie hier durch Land der Aborigines fahren würden. Diese Gegend wurde früher von der Urbevölkerung bewohnt, jetzt ist alles beinahe verlassen. Die Menschen sind in andere Gegenden geflüchtet oder auch ausgestorben. Die Weißen haben auf der einen Seite Stadien für ihre Wettkämpfe gebaut und auf der anderen Vergnügungszentren mit Spielgeräten. Dort wiederum versuchen auch Aborigines ihr Glück und lassen ihr Geld.

Raj went to the Yarra River because he loves sailing. He took a seat on the deck of the ship and put on a hat, pulling it down low so the brim shadowed most of his face. A voice explained the buildings and parks on the left and right side of the ship as it passed through Aboriginal land. The forefathers of the native people had inhabited this area but now it was practically abandoned. The people have moved to other areas or have died. The Whites built a stadium for sports competitions and amusement centers with gambling and arcade games. In these place the Aborigines tried their luck and lost their money.

Yingping fuhr mit der City Circle Tram um die ganze Innenstadt herum, zurück zum Ausgangspunkt und verschwand in den Straßen von Chinatown. Den Nachmittag verbrachte sie im Queen Victoria Women's Centre. Sie aß im Garten zu Mittag, las und beobachtete die Menschen, hauptsächlich Frauen. Hier, mitten in der Stadt, war ein Frauenzentrum eingerichtet worden und bot allen Gästen Schutz.

Yingping took the City Circle Tram all the way around the inner city and then exited at the Chinatown stop. She spent the afternoon at the Queeen Victoria Women's Centre. She had lunch in the garden, read and observed the people, most of whom were women. The center was built in the middle of the city as a safe haven for all of its guests.

Alice wartete bis alle Personen aus dem Haus waren, setzte sich in ihr Auto und fuhr geradewegs in Richtung Yarra Valley, dem Weinanbaugebiet Victorias. Rechtzeitig zum Mittagessen erreichte sie ihre bevorzugte Weinschenke, bestellte sich einen Salat mit Ziegenkäse und ein Glas Weißwein. Das milchige Mittagslicht verschleierte die Realität. Sie genoss die Sicht in das Tal, zum Dorf von Weinfeldern umringt, zu den Hügeln mit Wald bewachsen. Begrenzende Berge waren weit entfernt. Alice bemerkte, dass sie inzwischen alleine war, stand auf und reckte und streckte sich. Sie hatte sich schon zur Vorbereitung auf den weiteren Workshop Gedanken gemacht und fühlte sich etwas unter Druck, weil sie nicht wusste, welche Ideen zur Interkulturalisierung zusammengetragen werden würden.

Alice waited until everyone had left and then drove towards Yarra Valley to Victoria's wine country. She arrived just in time for lunch at the winery. She ordered a salad with goat cheese and a glass of white wine. The milky afternoon light obscured reality. She enjoyed the view of the valley, the village surrounded by vineyards, the hills lined with forests and the mountains, which were far off in the distance. When she noticed that she was alone she stood up and did some stretching exercises. She started thinking about the following workshop and what was to come. She felt a bit stressed because she did not know what ideas the group would develop.

Pünktlich zum Abendessen erschienen Ali, Carlotta und Gloria. Ali war noch immer müde, die beiden Frauen dagegen sehr munter. Als Alice kam, setzte sie sich an den Tisch der anderen und erwähnte einige Anrufe. Jean und Raj würden erst zum Meeting kommen. Bert hatte in Williamstown das Schiff verpasst und Ralph hätte die Entfernung falsch eingeschätzt und würde vor 20:30 Uhr nicht eintreffen. Von Murat und Yingping wusste niemand etwas. Carlotta schwärmte vom Konzert im Park und der Blumenpracht im Conservatory House. Alle Pflanzen waren von hellrosa über pink, lila und violett bis in diverse Blautöne und miteinander arrangiert und durch Weiß kontrastiert. Aber leider konnte sie mit ihrem Rollstuhl nicht in die engen Wege hineinfahren. Gloria erzählte vom Queen Victoria Market und dem Bluessänger, der mittags das Publikum begeistert hatte. Sie kaufte Mangos und Papaya und brachte für alle getrocknete Früchte und Nüsse mit. Inzwischen war auch Ali munter und zeigte die Geschenke, die er besorgt hatte. Wirklich bewegt aber hatte ihn ein Traum, aus dem er gerissen wurde, als der Wecker kurz vor 19 Uhr klingelte. Er befand sich in seiner idyllischen Oase. »Idyllisch«, wiederholte Alice, »so war es auch in Yarra Valley«. Kurz nach 20 Uhr waren außer Ralph alle im Seminarraum eingetroffen. Alice war sehr erleichtert und bedankte sich für die Zuverlässigkeit. Sie spannte ihr Papier auf den Flipchartständer, auf dem Folgendes stand (s. S. 70):

Ali, Carlotta and Gloria arrived punctually for dinner. Ali was still tired but the two women were energetic. When Alice entered, she joined the others and briefly spoke to some participants who called her on her mobile phone. Jean and Raj were the first to arrive at the meeting. Bert had missed the ship in Williamstown and Ralph had misjudged the distance and said he would not arrive until 8:30 pm. No one had heard from Murat or Yingping. Carlotta raved about the concert in the park and the collection of flowers in the Conservatory House. The plants varied in color from pale pink to hot pink, lavender to deep purple and various shades of blue all mixed togeher in different patterns with white flowers as a contrast. But unfortunately, she was unable to see all of it because the path was not wide enough for her wheelchair. Gloria described the Queen Victoria Market and the blues singer who had performed for the audience at lunchtime. She had bought some mangos and papayas and brought some dried fruit and nuts for the group to share. Then Ali showed the presents he had bought. He told the group about a wonderful dream that he was having when the alarm clock woke him just before 7 pm. It took place in his idyllic oasis. »Idyllic,« Alice repeated, »that's exactly how it felt in Yarra Valley.«

Shortly after 8 pm, everyone except for Ralph was in the seminar room. Alice was very relieved that they were there and thanked them for being reliable. She turned over the next page of the flipchart. It read:

Guten Abend
Good Evening

- Feedback zu den Erkundungen und Erlebnissen
  Feedback from the exploration and your experiences
- Sammeln der Ideen
  Collection of ideas
- Bündeln der Vorschläge
  Brainstorm recommendations

»Einige von euch haben schon während des Essens darüber berichtet, wo sie sich den Tag über aufgehalten haben. Von Bert, Jean,

Murat, Raj und Yingping haben wir noch nichts gehört. Ralph wird bald kommen.« Als Bert schließlich kam, war er knallrot und hatte seinen Sonnenbrand wohl noch nicht bemerkt. Er hatte besonders die Zeit auf dem Schiff genossen, das Mittagessen im Fisch-Restaurant und das Nickerchen auf der Bank in der Sonne am Hafen. Jean war noch sehr von den Immigrationsschicksalen beeindruckt. Ihre Familiengeschichte lief ihr offensichtlich nach Melbourne nach. Murat war vom Laufen in den Parks müde und wollte nicht viel erzählen. Raj erwähnte seinen Besuch im Crown Casino. Er hatte ungefähr 20 australische Dollar verloren. Doch er beobachtete Gruppen vietnamesischer Jugendlicher, auch Frauen, die alleine vor den Geräten saßen, und einige Paare, die allesamt ihr Glück versuchten. Niemand gewann und setzte, »nur noch einmal«, immer höhere Summen ein. Raj schüttelte den Kopf, als er darüber berichtete. Yingping erzählte von der guten chinesischen Nudelsuppe zu Mittag und vom Kaffee, den sie im Garten des Queen Victoria Women's Centre trank. Sie habe sich über Verantwortung und Ethik bei B. Gedanken gemacht.

»Some of you have already talked about your experiences today during dinner. We have not yet heard from Bert, Jean, Murat, Raj and Yingping. Ralph will be here shortly,« Alice informed. When Bert finally arrived, he was beet red and had not yet noticed his sunburn. He explained that he had really enjoyed the time on the ship, lunch at a seafood restaurant and his nap on the bench in the sun by the harbor. Jean was still thinking about the immigrants' fate and the exhibit she had visited. Thoughts of her family's story had clearly followed her to Melbourne. Murat was tired from his run in the park and did not feel like saying much. Raj told about his time in the Crown Casino. He lost about 20 A$ there. Then he watched groups of young Vietnamese boys and women sitting alone in front of machines. No one could win and then only raise the stakes »just one more time«. The lure of winning »big« was too strong to resist. Raj shook his head as he depicted what he saw. Yingping talked about her delicious Chinese noodle soup that she ate for lunch and the coffee she drank in the Queen Victoria Women's Centre Garden. She had thought about responsibility and ethics at B.

71

Alice griff den Faden auf und berichtete: »Interessant, auch ich habe über die Unternehmenskultur und Strukturen nachgedacht. Unser Unternehmen ist sehr schwerfällig wegen seiner Größe. Soll etwas verändert werden, dauert es lange. Idee und Umsetzung liegen weit auseinander. Die Auswirkungen dessen, was Vorgesetzte bei B. in den letzten Jahren entschieden oder nicht unternommen haben, betreffen uns heute. Darunter leiden wir heute. Das, was wir heute entscheiden, betrifft unsere Nachfolger. Wir selber spüren die Auswirkungen vielleicht nicht mehr. Und so geht es immer weiter: Das macht es so schwer, etwas zu verändern, wenn der Kontext getrennt ist, Ursache und Wirkung auseinander gehen. Wer fühlt sich dann noch verantwortlich? Ich erwähne das, weil wir, die CPG, viel Kraft benötigen werden, dass unsere interkulturellen Inputs langfristig durchgesetzt werden.«

Ali dachte an seinen Wüstentraum, den er hatte. Beim Erzählen fiel ihm eine Geschichte ein, die er vor langer Zeit in einem Text von Paul Watzlawick gelesen hatte. Sie beschreibt das Phänomen verschiedener Wahrnehmungen, das besonders in interkulturellen Begegnungen eine große Rolle spielt.

Alice continued on this theme. »Interestingly, I have also thought about company culture and how B. operates. Our company is very slow because of its large size. In order for something to change, a lot of time is required. It takes a long time for ideas to become implemented policies. The effects of what the leaders of our company decided a few years ago impact us today. That is what we are suffering from now. What we decide today will impact our future replacements. We won't personally experiance the consequences. That's how it continues, on and on. Making it even harder to make changes because the context is separated. The cause and the effect are no longer connected. Who feels responsible then? I suspect that even though the CPG has been granted a great deal of influence, that our intercultural input will be implemented in the long-term.«

Ali thought about his desert dream. As he explained it, he thought of a story which he read long ago in a text from Paul Watzlawick. It explained the phenomenom of differing perceptions, which plays an important role in intercultural relations.

Ein Vater ist mit seinem Sohn in der Wüste unterwegs. Der Sohn sitzt auf dem Esel, während der Alte vorausgeht. Eine Reisegruppe, die vorbeikommt, kritisiert: »Wie kann nur der Junge seinen alten Vater laufen lassen, während er bequem auf dem Esel sitzt?«
Daraufhin setzt sich der Vater auf den Esel, und der Sohn geht voraus. Wieder kommt eine Reisegruppe vorbei und sagt: »Schaut euch diesen Vater an, sitzt bequem auf dem Esel und der Sohn muss beide führen.«
Daraufhin nimmt der Vater seinen Sohn mit auf den Esel. Wenig später treffen sie erneut eine Gruppe, die protestiert: »Was sind das bloß für herzlose Menschen, die mit dem schwachen Tier so umgehen?«
Beide steigen runter und tragen den Esel, worauf die nächste Gruppe meint: »Was sind das bloß für Esel?«

A father is walking with his son through the desert. The son sits on a donkey and the older man walks ahead. A group of travelers passes by and criticizes the boy. »How can a young boy let his poor father walk while he sits comfortably on a donkey?«
So the father gets on the donkey and the boy walks ahead. Another group of travellers comes and says, »Look at this father, he sits comfortably on a donkey while his son has to walk in front of them.«
So the father put the son on the donkey with him. A few minutes later another group passes by and they says, »What kind of heartless men treat their poor animal so unfairly?«
So both of them gets off the donkey's back and carrys it. The next group says, »What kind of donkey is that?«

»Was sagt uns diese Geschichte?«, beendet Ali seinen Beitrag. Carlotta: »Es gibt verschiedene Sichtweisen. Jede Interpretation ist kulturell geprägt, und wir werden uns immer mit den Bildern und Interpretationen anderer beschäftigen müssen.«

»Ein zur Hälfte gefülltes Glas Wasser kann entweder noch halb voll oder schon halb leer sein«, resümierte Alice.

»What does this story teach us?« Ali ended his monologue. »There are several different lessons,« Carlotta said. »Every interpretation is influenced by culture and we will always have to deal with the perspectives and interpretations of others.«

»Just as a glass of water can be considered half full or half empty,« Alice summarized.

Ralph kam abgehetzt und entschuldigte sich für seine Verspätung. Mit seinen 65 Jahren war er der Älteste und hätte ein Vorbild für Pünktlichkeit und Zuverlässigkeit sein wollen. Es war ihm peinlich, zu spät zu kommen. Alle schauten ihn fragend an, und das war ihm noch unangenehmer. »Ich hab mich in der Zeit vertan, die Entfernungen und dann den Abendverkehr nicht richtig eingeschätzt. Ich war auf dem Arthurs Seat und habe den Blick genossen. Dabei dachte ich über unsere Firma nach. Das Erste, was mir auffiel war, dass bei uns in den USA nur knapp zehn Prozent der Belegschaft nicht Amerikaner sind. Wie ist es bei euch?« Bert war gleich dabei: »In Deutschland sind es schätzungsweise zehn bis zwölf Prozent.« »Bei uns keine acht Prozent«, drängte sich Gloria dazwischen. »In Australien haben wir einen viel höheren Anteil, ich gehe von dreißig Prozent aus.« »Bei B. in Kairo arbeiten wahrscheinlich keine drei Prozent Ausländer.« »Bei uns kenne ich nur eine nicht türkische Person.«

Ralph came in out of breath and apologized for being late. As the oldest member of the group, 65 years old, he was used to being the reliable and punctual member of a group. It was very embarassing for him to be late. The group asked him several questions about what had happened and what he had done and that seemed to make him even more uncomfortable. »I lost track of time and did not correctly predict how long it would take me to get back. I was at Arthurs Seat and really enjoyed the view. I thought about our company. The first thing that occurred to me was that in the U.S. just under ten percent of the workforce is not American. How is it in your countries?« »In Germany,« Bert answered immediately, »between ten and twelve percent.« »Eight percent where I'm from,« Gloria explained. »In Australia we have a much higher percentage, I think about thirty

percent.« »B. in Cairo has fewer than three percent foreign workers.«
»I only know of one person who is not Turkish.«

»Also«, fuhr Ralph fort, »das Erste, was zu verändern wäre, ist die Er-
höhung von ausländischem Personal.« »Wir könnten eine regelmäßige internationale Rotation von Austausch des Personals in Gang
setzen«, schlug Jean vor, »Frauen müssten wie Männer entlohnt
werden und den gleichen Zugang zur Macht erhalten!« Bert pflich-
tete bei: »Wir sollten überhaupt bunter werden, also mehr Auslän-
derinnen und Ausländer in die Betriebe, mehr Frauen in bestimmte
Positionen, ältere Arbeitnehmer sollten die Chance haben, ihre letzten Berufsjahre zeitlich individuell gestalten zu können. B. sollte be-
dürfnisorientierte Arbeitsverträge anbieten, das sichert die Balance
zwischen privaten und beruflichen Bedürfnissen. Das Top-Manage-
ment muss uns zeigen, dass es wirklich Veränderungen will!«

Alice beobachtete Fleur, die sich aufgerufen fühlte: »Mir ist es
etwas unheimlich, wenn ich euch so höre und mir vorstelle, dass
interkulturell sein mit Englischsprechen gleichgesetzt wird. Ich
werde nie in einer Fremdsprache meine Gefühle so ausdrücken können wie in Französisch.« »Dann sollte B. Englisch-Kurse für alle anbieten«, meinte Ralph. »Warum eigentlich nur Englisch? Lernt ihr
mal erst eine andere Fremdsprache, dann werden die Begegnungen
interkultureller«, mahnte Carlotta mit gewisser Schärfe im Ton.

Alice ging zum Flipchart, schlug den Block um und zeigte die Ergebnisse.

Ergebnisse
Results

- Was könnte B. tun?
  What can B. do?
- Welchen Nutzen hätten die MitarbeiterInnen?
  What do the employees have to gain?
- Welchen Nutzen hätte das Unternehmen?
  What does the company have to gain?

»So,« Ralph continued, »the first thing that needs to change is to increase the percentage of foreign personnel.« »We could set up a regular rotation of international personnel exchanges,« Jean proposed. »We should become more diversified with more women in certain positions and older workers should have opportunities. In their last year of employment they should be able to choose where they will work. B. should offer needs-oriented contracts that safeguard the balance between private and professional needs,« Bert said. Alice noticed Fleur, who was inspired to express her thoughts. »For me it is incomprehensible to hear you speaking about being intercultural, speaking English. I will never be able to express my feelings like I can in French.« »Then B. should offer English courses for everyone,« Ralph answered. »Why only English? If we all learned another foreign language, the environment would become more intercultural,« Carlotta said in an angry tone.

Alice went to the flipchart and turned the next page over (s. p. 75).

»Ich bitte euch, nur zur ersten Frage kurze Antworten zu geben. Die beiden anderen werden wir morgen bearbeiten.« Sie legte kleine Häufchen grüner Karten auf die Tische und teilte Filzstifte aus. »Ihr habt genug Zeit, um eure Gedanken in Stichpunkten auf die Kärtchen zu notieren. Schreibt bitte pro Kärtchen nur einen Punkt und in großen Buchstaben, damit wir sie alle lesen können, wenn sie ans Pinboard gesteckt sind.«

Alice sammelte alle Karten ein. Sie guckte auf die Uhr, es war schon spät, dennoch ließ sie nicht locker. Durch Zuruf der Teilnehmenden wurden die Kärtchen sortiert und gemeinsam in zwei Reihen à acht Schwerpunkten aufgeteilt.

»I would like you to briefly answer only the first question now. The other two will be dealt with tomorrow,« Alice said as she passed out small yellow cards and felt pens on the tables. »You have enough time to write one point on each card in large letters, so we can all read it when the cards are pinned to the pinboard.

Alice collected the cards. She looked at her watch and saw it was late, but she wasn't ready to stop just yet. With the help of the participants, she sorted the cards by topic and they were placed in two columns, each with 8 main ideas.

Schwerpunktthemen Main Ideas	
I Bezüglich Personal- entwicklung *Relating to Personnel Development*	**II Bezüglich Organisations- entwicklung** *Relating to organizational development*
1 Interkulturelles Sensibilisierungs- training anbieten *to offer intercultural sensibility training*	1 Interkulturelle Organisationskom- petenz planen *to plan intercultural organizational competence*
2 Motivationsworkshops zum Antreiben durchführen *to conduct motivation workshops*	2 Diversity Management für Chan- cengleichheit implementieren *to implement diversity manage- ment for equal opportunities*
3 Interkulturelle Coachingangebote für Einzelne anbieten *to offer individual intercultural coaching*	3 Internationale Personalkompe- tenz entwickeln *to develop international person- nel competence*
4 Konzepte für diverse interkultu- relle Trainings erarbeiten *to develop concepts for various intercultural trainings*	4 Internationalen Expertentransfer organisieren *to organize international expert transfers*

77

5	5
Interkulturelle Teambildung vorantreiben *to promote intercultural team building*	Internationale Meetings regelmäßig analysieren *to regularly analyze international meetings*
6	6
Train-the-Trainer-Workshops durchführen *to offer train-the-trainer workshops*	Seminarmethoden interkulturalisieren *to interculturalize training methods*
7	7
Vielfältiges Sprachenangebot entwickeln *to offer various language courses*	Internationale Gäste interkulturell betreuen *to host with intercultural competence*
8	8
Info-Veranstaltungen regelmäßig durchführen *to carry-out regular briefings*	Aufpasser für die Interkulturalisierung wählen *to elect monitors to oversee interculturalization*

Die Gruppe war beeindruckt, dass so viele Kärtchen zusammenkamen, die gebündelt sechzehn Schwerpunkte ergaben. Alice war zufrieden. »Ihr seht, diese Ergebnisse sind gute Vorarbeiten für morgen«, beendete sie schließlich den Tag.

The group was impressed that they were able to come up with so many cards, which produced a matrix of similar themes, which all fell under these sixteen categories. Alice was satisfied with the results. »You see, these results are a good preparation for what we will work on tomorrow,« Alice said as she ended the day.

Das Resultat:
Nutzen für das Unternehmen
The Result:
Benefit for the Company

Die Teilnehmenden waren schon da und warteten auf Alice, die mit sechzehn verschiedenfarbigen Luftballons kam. Auf jedem Ballon war eine Zahl, eins bis sechzehn. Noch hielt sie alle Bindfäden beisammen, als sie »Guten Morgen« rief. »Geht es euch gut? Habt ihr genug geschlafen?« Gestöhne ging durch die Reihen, mehrere Gesichter sahen müde aus. »Heute Nachmittag werden wir auseinander gehen. Bis dahin werdet ihr in zwei Arbeitsgruppen herausarbeiten, wie die Ideen, die gestern zusammengetragen wurden, umgesetzt werden sollten und was es uns (Mitarbeiterinnen und Mitarbeitern und dem Unternehmen) nützt.«

Die Australierin warf die Ballons in die Luft und ermunterte die Teilnehmer: »Spielt damit und entscheidet euch für einen Ballon. So werdet ihr aufgeteilt.« Der große Bert griff sich umgehend einen blauen, Gloria einen roten Ballon. Die anderen schienen unentschieden zu sein. Carlotta stieß einen gelben weg und musste länger warten, bis sich ein dunkelroter in ihre Reichweite verirrte. Jean und Ralph provozierten sich mit je einem grünen und orangefarbenen Luftballon, als noch ein gelber in die Nähe kam, griff Jean danach. Ali entschied sich für einen grünen, Fleur für rosa. Murat und Raj ereilten die letzten hellblauen. Yingping blieb mit einem weißen übrig und guckte sich um. Es lagen noch weitere sechs Luftballons am Boden. »Die Nummern eins bis acht gehörten in die erste Gruppe und neun bis sechzehn in die andere. Es gibt keine Bevorzugung, wir alle sind für alle Themen zuständig und müssen alle Inhalte unseren Vorgesetzten zu Hause präsentieren können«, beendete Alice ihre Aufteilung.

In der Zwischenzeit hatte sie zwei Flipcharts vorbereitet und die Themennummern darauf notiert. Die Personen mit den passenden Nummern sollten ihre Namen darauf schreiben (s. S. 80).

Gruppe 1 Group 1	Gruppe 2 Group 2
Ali, Carlotta, Fleur, Gloria, Yingping	Bert, Jean, Murat, Ralph, Raj

Fragen – Questions
- Wie können Ideen umgesetzt werden?
  How can these ideas be implemented?
- Was haben wir davon?
  What can be gained through this?

The participants were already there when Alice entered with sixteen differently-colored balloons. Each balloon had a number written on it, from one to sixteen. She was holding all the strings together as she said »Good Morning! Are you all doing well? Have you slept enough?« A collective groan came from the participants, and many of their faces looked tired. »This afternoon we will leave each other, but before that, we need to do some important group work. Each of you needs to join one of the two groups that we created yesterday from the cards and decide how to implement the ideas in that group and what the advantages are for the employees and for the company.«

The Australian threw the balloons into the air. Then she said »Everyone choose one balloon, that's how we'll decide who will work with each idea.« Tall Bert reached up and chose a blue one. Gloria picked a red one. The others seemed unsure about which one to choose. Carlotta pushed a yellow balloon away so she could get to a dark red balloon. Jean and Ralph helped themselves to a green and an orange balloon. When a yellow balloon moved past, Jean chose it. Ali chose a green balloon and Fleur a pink one. Murat and Raj took the last light blue balloons. Yingping took the only white one and looked at it. There were six balloons still on the floor.

»Numbers one to eight belong in the first group and nine to sixteen in the other. There isn't any special treatment for anyone: we are all responsible for every theme, and we must all be able to present the content to our bosses in our home offices,« ended Alice with the directions.

She had prepared two flipcharts in the meantime, with the topic numbers and a line next to each. The person with the matching number was instructed to write the name on the line.

Die beiden Gruppen verteilten sich in zwei kleinere Arbeitsräume. Luftballons, Papier, Stifte und bunte Kärtchen – alles musste mit. Die Konstellationen in den AGs waren sehr verschieden, was sich auch in der Zusammenarbeit stark auswirkte. Alice schüttelte den Kopf, denn sie fand die Aufteilung nicht ideal.

Im Raum der ersten Gruppe stieg der Geräuschpegel schnell an. Alle redeten durcheinander, so schien es Alice. Niemand hörte wirklich zu außer Ali, der ab und zu versuchte, Stichpunkte zu notieren. Er bot sich an, die Ergebnisse aufzuschreiben.

Jean in der zweiten Gruppe hatte es als einzige Frau und jüngstes Mitglied nicht leicht. Aber sie konnte Ergebnisse gut zusammenfassen. So setzte sie sich gegen ihre dominierenden Kollegen durch, die froh waren, dass Jean die Schreibarbeit übernahm.

Gegen Mittag schließlich wurden die Ergebnisse zusammengetragen, die am Nachmittag präsentiert werden sollten.

The groups split into two smaller seminar rooms. They brought the balloons, paper, pens and colorful note cards with them. The makeup of each group was very different, which strongly influenced the way they worked together. Alice shook her head because she found the division to be less than ideal.

The room where group one worked was very noisy. Alice noticed that everyone was talking at the same time. No one was listening to one another, except for Ali, who from time to time wrote down the main points. He offered to write down the results for the group.

Jean, as the youngest and only woman in the second group, was having a difficult time. She was good at summarizing the ideas and results, so she took the job of writing down her more dominant colleagues' ideas. They were all pleased that she was willing to take this job.

Around noon the results to be presented in the afternoon were collected.

Ergebnisse der 1. AG – Results from Group 1

Umsetzung – *Implementation*

- Zu Hause über Melbourne berichten
  By describing what happened in Melbourne

- Core-Group (in jeder Hinsicht gemischt) einrichten
  By creating a core group (as varied as possible)

- Kriterien für Personalauswahl entwickeln
  By developing personnel-selection criteria

- Mehr Ausländer ins eigene Land bringen
  By bringing more international workers to each country

- Gemische Belegschaften organisieren
  By organizing a more mixed work force

- Fachspezifische Praktika international durchführen
  By implementing job-specific international internships

- Vielfältigere Sprachen anbieten
  By offering various language programs

- Virtuelle Teams in den Kontinenten gründen
  By establishing virtual teams between the continents

- Geglücktes und Misslungenes analysieren
  By analyzing success and problems

- Konfliktlösungskonzepte erarbeiten
  By developing conflict solution concepts

- Auslandskonzepte für Expatriates und Familien verbessern
  By creating a support system for expatriates and their families

- Gesamtstrategie entwickeln
  By developing an overall strategy

- Geschäftsleitung in Planung und Durchführung einbeziehen
  By including top management in the planning and implementation process

- Finanzen und Personal zur Verfügung stellen
  By having money and personnel to devote to this purpose

Was haben wir davon? – *What can we gain from this?*
- Angenehmeres Arbeiten
  A more comfortable place to work

- Zuerst mehr Arbeit, dann mehr Freude und mehr Freunde
  First more work and then more enjoyment and friends at work

- Gleichwertigkeit – Gleichberechtigung
  Equality- Equal-treatment

- Besseres Gefühl, mehr Erfolg und Zufriedenheit
  A more positive feeling, more success and satisfaction

Ergebnisse der 2. AG – Results from Group 2

Umsetzung – *Implementation*
- Protokoll des Melbourne-Workshops verteilen
  Distribute copies of the results of the Melbourne workshop

- Über den Prozess berichten
  By telling others about the process in Melbourne

- Gruppe zum Implementieren vor Ort einrichten
  By creating local groups to implement the ideas at each office

- Mitarbeiter/innen für Diversity motivieren
  By motivating employees to recognize the value of diversity

- Kenntnisse über fremde Länder und Kulturen präsentieren
  By presenting an awareness of foreign countries and cultures

- Train-the-Trainer-Workshops implementieren
  By implementing train-the-trainer worshops

- Räume für ausländische Gäste gestalten
  By hosting international guests with intercultural competence

- Beobachter/innen auswählen
  By electing an intercultural observer/watchdog

- Internationalen Workshop jährlich durchführen
  By providing a yearly international workshop

Was haben wir davon? – *What can we gain from this?*
- Transparenz – Toleranz – Verstehen
  Transparency-Tolerance-Understanding

- Intensivere Kommunikation
  More effective communication

- Akzeptanz und Wertschätzung
  Acceptance and recognition of values

- Interesse an internationaler Arbeit
  Interest in international work

Während der abschließenden Diskussion wurden die unterschiedlichen Temperamente und kulturellen Eigenheiten der Teilnehmenden noch einmal deutlich. Bert war der Leiter im Raum. Er bemühte sich ständig, den Überblick zu behalten und die Diskussion zu strukturieren. Verlor er den Faden, wirkte er fast hilflos. Carlotta nahm sich in ihrem Rollstuhl sitzend selbstverständlich den Raum, den sie benötigte, um sich zu bewegen. Fleur und Gloria waren beide zierlich und klein. Die drei Frauen waren gute Freundinnen geworden und spielten sich verbal und nonverbal ständig die Bälle zu. Bert und auch Ralph hatten offensichtlich manchmal Mühe, die Unruhe, die die Frauen verbreiteten, zu ertragen. Während die Italienerin und die Französin nebeneinander saßen und oft temperamentvoll scherzten, kümmerte sich die Spanierin eher um die soziale Integration der drei in die größere Gruppe. »Pssst, könnt ihr ein bisschen ruhiger sein, bitte. Wir sind ja bald fertig«, ermahnte Alice die drei schwatzenden Frauen. Auch sie war längst angestrengt und nicht mehr souverän. Für den Deutschen waren die drei manchmal chaotisch. Auf sie aber wirkte er wenig lebendig. Ralph strahlte zwar Ruhe aus, was alle genossen, aber als Senior wurde er von den drei jungen Frauen wenig angesprochen. Eher versuchten sie immer wieder Ali, Murat und Raj einzubinden. Der Ägypter gab oft nach, der Türke und der Inder hielten mehr Distanz. Sie ließen in den Diskussionen Ralph den Vorzug und baten ihn manchmal sogar, seine Meinung zu äußern. Jean war ausgesprochen zurückhaltend, aber immer aufmerksam. Sie war hilfsbereit, sah sofort, wenn andere etwas brauchten, und versuchte zu helfen. In den Pausen war sie oft mit Yingping zusammen. Von ihr wusste man nicht viel, sie war die Stillste aller Anwesenden, und in der letzten AG hatte Ali auf Yingping aufgepasst, dass sie neben den drei munteren Frauen nicht ganz verschwand.

»Was für eine interessante Truppe«, dachte Alice, als sie die Diskussion beobachtete. Ihr Ziel war, die Teilnehmenden einerseits als Gruppe und danach als Individuum zur Übernahme von Aufgaben zu motivieren. Zum Ende hin hatte sich jede Person bereit erklärt, nach der Rückkehr Folgendes zu tun (s. S. 86).

During the following discussions, the different temperaments and cultural characteristics of the participants became very apparent. Bert was the leader in the room. He consistently made an effort to be in control and to structure the discussion. When he did not have control he seemed helpless. Carlotta was not restricted by her wheelchair, she had the space she needed to feel comfortable and express herself openly. Fleur and Gloria both were dainty and feminine. The three women became good friends and passed the ball amongst themselves, both verbally and non-verbally, throughout the day. Bert and Ralph both had difficulty from time to time dealing with the women's talkativeness. While the Italian woman and the French woman sat next to each other and made lively jokes, the Spanish woman concerned herself with the integration of the three in the larger group. »Psst, could you be a bit quieter please. We are almost finished,« Alice said to the three chattering women. She was also feeling tired of the three and not completely in control. For the German, the three appeared chaotic and undisciplined. For Alice, Bert seemed very serious and not at all lively. Ralph radiated an aura of peacefulness, which everyone appreciated. As the most senior in the group, however, he was rarely spoken to by the three young women. Instead they tried continuously to bring Ali, Murat and Raj to their side. The Egyptian often gave in but the Turk and the Indian kept their distance. They gave Ralph the leadership role and often asked him for his opinion. Jean was the most reserved but always aware. She was very helpful; whenever she saw that someone needed something, she tried to help. She spent many of the breaks with Yingping. No one knew much about Yingping, she was the quietest of all the participants. In the last group, Ali had watched out for Yingping, so that she wasn't completely dominated by the three talkative women.

»What an interesting group,« Alice thought as she watched their discussions. Her goal was to motivate the participants, first as a group and then as individuals, to divide up the work. In the end, each person had agreed to do the following upon their return back to their home office.

Gemeinsame Vorsätze – Group Resolutions

Wir wollen,
We would like

- dass die Arbeitsergebnisse aus Melbourne überall horizontal (in jedem Aufgabengebiet, jedem Konzept, jeder Tätigkeit) und vertikal (durch alle hierarchischen Ebenen) diskutiert werden.
  that the results from this conference are horizontally implemented (in every task, concept and responsibility) and will be vertically discussed (on every hierarchical level).

- andere Kollegen und Kolleginnen zu Hause motivieren, gemeinsam den Prozess voranzutreiben.
  each of us will work to motivate other colleagues in our home offices to join and support the process.

- dass mindestens ein Jahr lang jede Situation ergriffen wird, die zur Unterstützung der Interkulturalisierung beitragen könnte.
  that at least one year is allowed for each situation to take effect in supporting the interculturalization process.

- uns untereinander berichten und unterstützen, um durchzuhalten.
  that we will keep one another informed on developments and provide support to each other.

- ein neues Treffen organisieren.
  that we will organize another meeting.

»Der nächste Schritt bezieht sich darauf, was wir uns persönlich vornehmen. Ihr seid als Delegierte nach Australien gekommen, nicht nur um schöne Tage zu verbringen, sondern um mit Vorschlägen nach Hause zu fahren. Wenn gute Ideen realisiert werden sollen, geht das nicht nur mit zwei Hand voll Personen und mit etwas Geld, sondern mit festen Vorsätzen und dem Bemühen, andere mit ins Boot zu holen. Deshalb ist es sehr wichtig, sich selbst zu überlegen, was jede/r von uns ab jetzt tun wird, um die Interkulturalisierung zu unterstützen. Dies nennt man Commitment.

»The next step is to decide what we will do personally to reach these goals. You were selected as delegates to come to Australia not only to enjoy yourselves but also to bring recommendations back home with you. In order for good ideas to become reality, it takes more than a handful of people and money. It requires fixed resolutions and the effort to bring others on board with you. Therefore, it is really important that each of you thinks hard now about what you will do personally to support interculturalization. This is called commitment.«

Selbstverpflichtung
Commitment

Ich engagiere mich ...
I am committed to ...

»Für welche Bereiche möchtet ihr euch engagieren? Wir sollten alle 16 Punkte verteilen und am besten so, dass jede Person die Aufgaben übernimmt, die ihr am meisten liegen.« Nach einer kurzen Diskussion teilten sich die Delegierten die Themen auf. Nur der Schwerpunkt Motivationsmanagement provozierte eine neue Debatte, die durch Bert beendet wurde, weil er schließlich diesen Punkt übernahm. Die Arbeitsbereiche wurden wie folgt aufgeteilt (s. S. 88).

»For which area would each of you like to be responsible? We need to divide all 16 of the points amongst ourselves. It would be best if you could take responsibility for the points that mean the most to you personally,« Alice advised. After a brief discussion, the delegates selected their points. Only the subject of motivation management triggered a new debate, which was quickly ended, as Bert resolved to take the point himself. The responsibilities were divided in the following manner.

Ali

Betreuung ausländischer Gäste
Care for international guests

- Raumgestaltung bedenken (Büro, Flure: Was ist für ausländische Gäste einladend?)
  To think about Room decoration (offices, hallways: what would make the guests feel at home?)

- Internationale Besonderheiten (Festtage, Speisen, Rituale) kennen lernen
  To get to know specific international customs (holidays, food, rituals)

Bert

Motivationsmanagement (damit man Lust hat, das alles zu tun)
Motivation Management (so each person is inspired to follow-through on all the other points)

- Arbeit mit individueller Lebensplanung sinnvoll balancieren
  To balance the work with one's individual goals and aspirations

- Arbeitszeitkonten gründen
  To form work-time accounts (flex-time)

- Sabbatical und freie Arbeitsblöcke einrichten
  To establish sabbaticals and free blocks of time off

- Individuelle Regelungen für die letzten Arbeitsjahre älterer Mitarbeiter/innen durchsetzen
  To implement individual policies for workers in their last years of work

Ralph

Interkulturelle Organisationsentwicklung
Intercultural Organization Development

- Beobachtergruppe (in jeder Hinsicht gemischt) einrichten
  To create observation groups (preferably of various cultures)

Interkulturelle Coachings
Intercultural Coaching Sessions

- Konzepte zur Konfliktlösung entwickeln
  To develop concepts for conflict solution

Carlotta

Diversity Management

- Kulturblick schärfen
  Increase cultural awareness

- Auf Sprachethik achten
  Protect language ethics

Personen wählen
Elect people

- Beobachter für Diversity
  Watchdog for diversity issues

- Personen für Gendermanagement
  Watchdog for gender issues

- Personen für Interkulturelles
  People for intercultural issues

Fleur

Interkulturelle Sensibilisierung
Intercultural Sensitivity

- Workshops für alle organisieren
  To organize workshops for every employee (in our organization/department)

Interkulturelle Trainings für
Intercultural Training Programs for

- Auslandsmitarbeiter
  International employees

- Partner bzw. Familien
  Partners and family members

- Mentoring im Ausland
  Mentoring programs abroad

- Inlandsmitarbeiter
  Domestic employees

- Rückkehrer
  Returning employees from international assignments

Gloria

Interkulturelle Teambildung
Intercultural Team-building Training

- Kooperation in bi- und multikulturellen Gruppen
  To create cooperation in bi-and multicultural groups
- Freizeit mit ausländischen Kollegen
  Leasure time with international colleagues
- Internationale virtuelle Teamarbeit
  To improve international virtual teamwork

Analyse internationaler Meetings
Analysis of international meetings

- Analyse geglückter Verhandlungen
  Analysis of successful negotiations
- Analyse misslungener Verhandlungen
  Analysis of unsuccessful negotiations

Alice

Internationale Personalentwicklung
International Personnel Development

- Diversity-Aspekte für die Personalauswahl (Beratung für Personalab-teilung)
  Diversity criteria for personnel selection (consulting for the Personnel Department)
- Regelmäßige Personalrotation
  Regular international personnel rotation
- Mehr Ausländer/innen ins eigene Land
  More international employees in each country
- Mehr Frauen in Managementpositionen
  More women in management positions
- Gemische Belegschaften/Teams (quer durch alle Kultur-Kategorien)
  Mixed worked force and teams (across all cultural categories)

Beobachtung, Betreuung, Begleitung
Observation, Support and Accompaniment or Attenance

- Engagement der Teilnehmer der CPG
  To involve the members of the CPG

Jean

Train-the-Trainer Workshops

- Diversity Management
- Intercultural Management
- Gender Management

Murat

Internationaler Experten-Transfer
International Expert Transfer Program

- Fachspezifische Praktika
  Job-specific internship program

Regelmäßige Informationsveranstaltungen
Regular Briefings

- Länder und Regionen
  On countries and regions
- Religionen und Ethik weltweit
  Religions and ethics around the world

Raj

Technik international
International Technology

- Internationale/interkulturelle Informationen ins Intranet stellen
  International/intercultural information in Intranet
- Web Design interkulturell betrachten
  To develop an intercultural web design
- Interkulturelle E-Mail-Etikette
  To create awareness on intercultural e-mail etiquette

Yingping

Vielfältige Sprachen-Angebote
Various Language Courses

- Mehr als Englisch, Französisch, Spanisch
  More than English, French and Spanish
- Auch Arabisch, Chinesisch, Japanisch etc.
  Also Arabic, Chinese, Japanese, etc.

Alice forderte die Gruppe auf, sich in einen runden Kreis zu setzen, und zwar mit der Person zusammen, mit der die erste Arbeitsgruppe erlebt wurde. Sie selbst nahm auch Platz. Alle hatten ihr Papier mit den gemeinsamen Vorsätzen und den individuellen Commitments auf dem Boden vor sich liegen.

»Liebe Kolleginnen und Kollegen«, eröffnete Alice die Abschlussrunde. »Am Ende unseres Workshops möchte ich, dass jede Person das nennt, was sie ›mitnehmen‹ möchte, was sie gut und interessant fand. Aber auch das, was sie hier lassen möchte, weil sie es nicht nützlich fand. Zur Erinnerung schaut noch einmal auf eure Wunschkärtchen, die ihr am Anfang geschrieben habt. Dann könnt ihr besser beurteilen, ob alle Erwartungen realisiert wurden.«

Alice asked the group to sit in a circle, next to the person they did the first session with. She also took a seat in the circle. Everyone had their paper with their shared goals and their individual commitments on the floor in front of them.

»Dear colleagues,« Alice began this final session. »At the end of our workshop I would like each participant to say what you want to take with you, what you found interesting and helpful. But also what you would like to leave behind because it was unhelpful. To help you, take a look at your expectation cards that you wrote in the beginning of the workshop about what you hoped to get out of this experience. This will help you decide if your expectations were realized or not.«

Feedback

Ich nehme mit ...
I'll take with me ...
Ich lasse hier ...
I'll leave behind ...

Der Vergleich mit den Wunschkärtchen ergab, dass die Erwartungen aller realisiert wurden. Die Feedbackrunde zeigte große Zufriedenheit auf Grund der Ergebnisse. Der Erkundungstag wurde von neun Personen als sehr sinnvoll bewertet, die Stimmung fanden fast alle besonders positiv. Die Ortswahl und die Versorgung durch das Team im Georgian Court waren gut. Das Angebot von frischem Obst zum Frühstück war ausgezeichnet. Alice wurde für ihre Arbeit und für die Organisation und Vorbereitung sehr gelobt.

The comparison resulted in agreement that all of the participants' expectations were met. The feedback round showed that there was a lot of satisfaction with the results. The day of exploration was seen as very worthwhile by nine of the participants. The workshop atmosphere was viewed as very positive by almost everyone. The location and service in the Georgian Court was good. The offering of fresh fruit at breakfast was outstanding. Alice was highly praised for her work, organization and preparation.

Ali, Fleur, Gloria und Murat mussten in der gleichen Nacht wieder nach Hause fliegen. Carlotta hatte sich für den Rest der Woche in Sydney verabredet. Jean wollte Verwandte in Adelhaide besuchen. Raj hatte einen freien Donnerstag vor sich und sollte am Freitag ein Meeting haben. Yingping hatte sich mit Chinesen in Darwin verabredet, fürchtete aber die große Hitze dort. Ralph machte sich auf, die Cook Island zu besuchen, um sich in Rarotonga einige Tage auszuruhen. Bert war am nächsten Tag mit seinem Lebenspartner und einer Reisegruppe in Tasmanien verabredet, die ihre einwöchige Rundreise auf der Insel starten wollte.

Alice verabschiedete die Teilnehmenden und blieb schließlich noch einige Zeit im Georgian Court, um den Bericht in der dortigen Atmosphäre zu schreiben.

Ali, Fleur, Gloria and Murat had to leave the same night to return home. Carlotta stayed the rest of the week in Sydney. Jean wanted to visit relatives in Adelhaide. Raj had Thursday free and then had to attend a meeting on Friday. Yingping had a meeeting with some Chinese acquaintences in Darwin, but was concerned about the very hot weather there. Ralph had plans to visit Cook Island and to spend a few days in Rarotonga. The next day Bert joined his partner and a travel group in Tasmania, where they started a one-week long tour of the islands in the area.

Alice said goodbye to the participants and remained in Georgian Court a while to write her report in the same atmosphere where it had all taken place.

Kultur-Dimensionen
Cultural Dimensions

Geert Hofstede spricht von kollektiver mentaler Programmierung, aus der sich schließlich die spezifische Kultur eines Individuums entwickelt. Jede Person vereint diverse Elemente in ihrer persönlichen Kultur. In Deutschland prägt die deutsche Kultur, in USA die nordamerikanische. Was ist aber deutsch oder amerikanisch? Wie verhalten sich Deutsche und Amerikaner, wenn sie sich begegnen? In Bayern beeinflusst die ländliche Regionalkultur, in Berlin dagegen die Großstadtkultur.

Kulturelle Identität entwickelt sich freilich auch dadurch, welcher Generation und Schicht wir angehören, ob wir aus einer religiösen Flüchtlingsfamilie oder einer nichtreligiösen Familie stammen, die »schon immer« am Ort lebte. Außerdem werden wir dadurch beeinflusst, ob wir als Frau oder Mann, homo- oder heterosexuelle, schwarze oder weiße oder als gesunde oder behinderte Person leben. So entstehen individuelle Kulturpuzzles, die sich im Laufe des Lebens mehr oder weniger verändern können. Sie bilden die Basis der Identifikationen mit Gruppen und ihren spezifischen Insiderkulturen.

> **Diversity bedeutet Verschiedenheit – Unterschiede machen uns einzigartig.**
> *Bill Taylor*

Mentale Software wird programmiert und Backups werden angefertigt. Durch die »social codes« können sich die Insider leichter erkennen und gezielter miteinander kommunizieren. Angehörige der Insidergruppe entwickeln kulturelle Elemente, die das Verhalten der Gruppe ausmachen und die mit anderen Personen der Gruppe abgeglichen werden. Jedes Individuum ist kulturell vielfältig und unterschiedlich geprägt wie ein Mosaik aus verschiedenen Teilen.

Bildlich ausgedrückt sind Menschen immer bunt und zeigen unterschiedliche Formen ihres Mosaiks, die sich gegebenenfalls durch Kommunikation mit Mosaikelementen anderer Personen zusammenfügen. Kommuniziert wird mit Sprache, sie spiegelt die Gesellschaft, das Bewusstsein, zum Beispiel von Diversity und Ethik, und den Grad der gegenseitigen Wertschätzung. Sprechen ist zum größten Teil unbewusst, deswegen verraten wir im Kommunizieren unsere Haltung anderen gegenüber.

Cultural patterns of behavior are learned individually through societal norms. Geert Hofstede describes it as collective mental programming. It is from this collective that an individual develops his/her own personal culture. Each person combines diverse elements to create his/her own unique culture. In Germany, the German culture is formed and likewise, the U.S.-American culture is formed in the U.S.A. What is German or U.S.-American? How do a German and a U.S.-American behave whenever they meet? A Bavarian is influenced by the rural regional geography around him/her, and a Berliner is impacted by the metropolitan culture surrounding him/her.

Cultural identity develops freely and is dependent on our generation, our social class and whether we belong to a religious family of refugees or a non-religious family who has always remained in the same location. Aside from these points we are influenced by our gender, whether we are homo- or heterosexual, our skin color

> **Diversity is about difference – the differences that make us all unique.**
>
> *Bill Taylor*

and whether we are physically healthy or challenged. We develop as unique »cultural puzzles«, which change to some extent throughout our lives. These puzzle pieces create the basis for identification with groups and their specific insider-cultures. Our mental software is programmed and backups are generated. Through social codes, the insiders can recognize and communicate more effectively with one another. Those who belong to the insider group develop cultural elements that make up the characteristics of the group; these characteristics create the norm by which all group members are compared. Every individual is culturally diverse and uniquely developed. We are like mosaics, consisting of many different pieces.

Expressed artistically, people are colorful and show different patterns of their mosaics through the way they communicate and behave with others. The language communicates the society's awareness of diversity, its ethics and what it values. A large percentage of what is said is subconscious.

Treffen sich eine 55-jährige Deutsche und eine 28-jährige Amerikanerin ist es möglich, dass beide Frauen in vielen Aspekten gleich empfinden, obwohl sie aus verschiedenen Kontinenten stammen, unterschiedlich alt sind und verschiedene Lebensentwürfe verfolgen.

Treffen sich sechs Personen gleicher Altersgruppe (drei Frauen, drei Männer) in einem Projektteam, zeigt sich ein spezifischer »social code« in der Kommunikation der Frauen untereinander, der anders ist als der in der Gruppe der Männer. Sind alle sechs Personen zusammen, bilden sich »gender-specific insider codes« heraus: Frauen miteinander, Männer miteinander, ihr Sprechen grenzt sich geschlechtsspezifisch voneinander ab. Besteht die Gruppe nur aus Männern, die aber einen Altersunterschied von rund 25 Jahren zeigen, werden sich einerseits die Jüngeren und andererseits die Älteren aufgrund des »generation-specific insider codes« eher miteinander verstehen. Sind in der Gruppe zwei schwarze und vier weiße Frauen, werden sich die Frauen gleicher Hautfarbe wegen des »colour-specific insider codes« miteinander verbinden. Woran liegt das? »Gleich und Gleich gesellt sich gern«, sagte Goethe, gleichzeitig aber auch »Gegensätze ziehen sich an«.

Selbst zwischen zwei in einem Land aufwachsenden eineiigen Zwillingsschwestern kann es, genau genommen, kulturelle Unterschiede geben.

Treffen diverse Kulturelemente aufeinander, geschieht dies nicht reibungslos, oft ergeben sich Probleme, die interkulturellen Charakter haben.

When diverse cultural elements come into contact, it often involves tension and results in problems of an intercultural nature.

Interkulturelle Missverständnisse

Die meisten interkulturellen Missverständnisse ergeben sich in den folgenden Bereichen.

Kommunikation
Introvertiert versus extrovertiert in
- verbaler Kommunikation (Wörter: unterschiedliche Bedeutungsnuancen).
- nonverbaler Kommunikation (Gestik, Mimik, Körpersprache).
- paraverbaler Kommunikation (Betonung).

Hierarchische Ordnung in Gesellschaft, Familie und Arbeitsorganisation
Umgang zwischen
- Älteren und Jüngeren.
- Frauen und Männern.
- Vorgesetzten und Angestellten.

Regelmäßigkeit und Systematik in Abläufen
- Einhalten von Absprachen und Zuverlässigkeit.

Distanz und Nähe
- Höflichkeit und Disziplin (Direktheit und Zurückhaltung).
- Temperament (Spontaneität, Freude, Spaß, Zorn, Trauer zeigen).

Leben und Arbeiten
- Prioritäten, die Zeit zu nutzen.
- Nationale Identität.
- Nationalstolz, Nationalgefühl.

Gastfreundschaft
- Einladungen, Begrüßungsrituale, Umgang mit Essen, Gastgeschenken usw.

Umgang mit Eigentum
- Statussymbole (zum Beispiel Auto, Häuser, Wohnungseinrichtung).

Bedeutung von Farben und Formen
- Corporate Design, Web- und E-Mail-Design.
- Kleidung, Möbel usw.

Übung
Exercise

Um sich über kulturelle Unterschiede klar zu werden, stellen Sie sich bitte folgende Fragen.
In order to comprehend these cultural differences, ask yourself the following questions.

Warum gibt es große Unterschiede in den genannten Bereichen?
Why are there such great differences in these areas?

Warum wird eine Kommunikationssituation verschieden interpretiert?
Why is a communication situation interpreted in different ways?

Warum ist ein bestimmtes Verhalten zwischen Frauen und Männern in einem Land eher »normal« als in einem anderen?
Why is specific behavior between women and men more normal in one country than in another?

Warum haben es junge nordeuropäische Fach- und Führungspersonen in manchen asiatischen und afrikanischen Gesellschaften schwer, akzeptiert zu werden?
Why is it difficult for young, northern-European managers to be accepted in many African and Asian societies?

Warum hat ein »Yes, I will do it!« in diversen Ländern eine andere Bedeutung als bei uns ein »Ja, ich tue es«?
Why does the statement »Yes, I will do it!« have different meanings in different cultures?

Kulturelle Prägungen können so verschieden sein, dass das Wort »Mensch« Unterschiedliches bedeutet, wenn es in verschiedenen kulturell geprägten Zusammenhängen benutzt wird. Oder »Frieden«, ein Zustand, der in einigen Kulturen an Menschen, in anderen an Waffen thematisiert wird. Geschichtliche, soziale, ökonomische, psychologische und philosophische Lebenskonzepte haben Einfluss darauf, ob Menschen sich als Einzelperson, mobil und für sich alleine begreifen oder als Teil einer Gruppe, die bewahrend und festhaltend, weniger beweglich und füreinander zuständig ist. Es sind vielfältige Kulturprägungen, die uns Situationen verschieden interpretieren lassen und die wir unterschiedlich kommunizieren.

101

Kulturinterpretationen
Cultural Interpretations

- Welchen Sinn sehen Menschen im Leben?
- Wie gehen sie miteinander um?
- Was verbinden sie mit Zeit? Was mit Arbeit?
- Wie erreichen sie ihre Ziele?
- Wie lösen sie ihre Probleme?

Dies sind offenbar die wichtigsten Fragen, denen die Kulturwissenschaftler/innen nachgegangen sind. Aus ihren Ergebnissen entwickelten sie Kulturdimensionen, um mit ihnen Tendenzen kultureller Verhaltensmuster, Ähnlichkeiten und Abweichungen der Menschen lokal, regional und international identifizieren zu können. Deshalb möchte ich die Konzepte kurz vorstellen.

- How do people view the importance of life?
- How do they interact with one another?
- How are they connected with time and with work?
- How do they accomplish their goals?
- How do they solve their problems?

These are the most important questions that an interculturalist must research. Cultural dimensions develop from the different answers to these questions, and these help to identify the similarites and differences of the local, regional and international cultural dimensions. Therefore I would like to briefly introduce the concepts.

Es sind Verallgemeinerungen, die dennoch Anhaltspunkte für kulturspezifische Erklärungen liefern können. Aber Vorsicht: Grundsätzlich sind Menschen Individuen und entsprechen nicht immer der Norm.

Michael Thompson, Richard J. Ellis, Aron Wildavsky: Lebensform
»Way of Life«

Michael Thompson, Richard J. Ellis und *Aron Wildavsky* sprechen in ihrem Buch »Cultural Theory« (1990) von zwei Grundkategorien:

- Bedürfnis nach Zusammengehörigkeit,
- Bedürfnis nach Rangunterscheidung.

In ihren Arbeiten gehen sie davon aus, dass soziale Organisationen und Lebensweisen mit unterschiedlichen Weltbildern, Risikoverhalten und Problemstrategien verbunden sind. Ihre Recherchen ergeben neben diesen beiden Kategorien fünf Lebensstile: den hierarchischen, egalitären, individualistischen, fatalistischen und einsiedlerischen. Alle sind in allen Gesellschaften zu finden. Sie aber werden unterschiedlich oft und verschieden dominant gebraucht, und wir wenden sie ungleich in Beziehungen an. Individuen entsprechen stets mehreren Lebensstilen.

Michael Thompson, Richard J. Ellis and *Aron Wildavsky* present in their book »Cultural Theory« (1990) two basic categories:

- The need to belong to one group,
- The need to separate people into different groups according to status.

In their work they explain that social organization and ways of life are connected with verios world perspectives, risk-taking behavior and problem-solving strategies. Their research resulted in the following fife subkategories: the hierarchical, egalitarian, individualistic, fatalistic and reclusive. Each of these is found in every society. They often vary, are dominantly used differently and we apply them in dissimilar ways in relationships. Individuals always have more than one lifestyle perspective.

Edward T. Hall: Nähe und Distanz in der Begegnung
»Low and high context cultures«

Edward T. Hall fokussiert in »Beyond Culture« (1976) unterschiedliche Kommunikationsarten. Menschen generell benötigen Kommunikation, um sich zu verständigen, Distanz und Nähe, Anstand und Respekt unter Jungen und Alten, Frauen und Männern, Vorgesetzten und Mitarbeitern, Inländern und Ausländern usw. zu regeln und zu regulieren. Hall unterscheidet Kulturen in »monochronic time« – Menschen, die einen Vorgang nach dem anderen erledigen (beziehungsweise »low context culture« – Menschen, die die Sachebene bevorzugen) versus »polychronic time« – Menschen, die viele Dinge zur gleichen Zeit tun (beziehungsweise »high context culture« – Menschen, die in der Kommunikation die Beziehungsebene bevorzugen).

Edward T. Hall in »Beyond Culture« (1976), focused on different kinds of communication. Humans need communication in order to understand one another and to regulate and control such binary concepts as distance and proximity, manners and respect for old and young, women and men, supervisors and subordinates, locals and foreigners, etc. Hall differentiates between cultures who view time as something monochronic, people who complete one thing after another (who are from a low context culture in which words have the same meaning regardless of the context and are therefore more impersonal) versus polychronic time, where people do numerous things at the same time (in high context cultures where much of the meaning in communication does not come from words, but rather the context of the conversation and depends on the relationship).

Beispiel zu den Dimensionen von Hall: Sonia aus Brasilien ist eine Woche beruflich in Deutschland unterwegs. Immer wieder hat sie es mit leitenden Personen großer Unternehmen zu tun. Auf dem Flug nach Hause überdenkt sie die anstrengende Woche und schreibt an den Protokollen. Dabei fällt ihr auf, dass sie von den vielen Menschen, die sie getroffen hat, mit dem Chilenen des einen Unternehmens, der Iranerin und dem Libanesen anderer

Firmen intensivere Gespräche hatte und mehr über sie weiß als über eine der vielen Deutschen, die sie traf.

Erklärung: Die Brasilianerin, der Chilene, die Iranerin und der Libanese vertreten »high context culture« und haben daher vielleicht einen direkteren und persönlicheren Zugang zueinander.

Geert Hofstede: Das Fünf-Dimensionen-Modell
Five-Dimensional Model

Geert Hofstede präsentiert in seinem Buch »Culture's Consequences: International Differences in Work-Related Values« (1984) vier Kulturdimensionen, die die Wertesysteme in 50 untersuchten Ländern gebündelt darstellen. (Erst später entwickelt er eine fünfte Dimension.)

Geert Hofstede presents four cultural dimensions in his book »Culture's Consequences: International Differences in Work-Related Values« (1985), which were used to evaluate these cultural values in 50 different countries. (Soon after he developed a fifth dimension).

Erste Dimension: Machtdistanz
Machtdistanz beschreibt das Bedürfnis nach Hierarchie und Statusdifferenzierung in Strukturen. Machtdistanz ist »der Grad, bis zu dem die weniger mächtigen Mitglieder von Institutionen und Organisationen in einem Land die ungleiche Verteilung der Macht erwarten und akzeptieren«.

- *Frage:* In welchen Kulturregionen ist es eher möglich, in welchen nicht, Vorgesetzten zu widersprechen?
- *Antwort:* In Ländern mit geringer Machtdistanz ist der hierarchische Unterschied zwischen Vorgesetzten und Mitarbeitern nicht so groß. Kritik kann eher geäußert werden.

Zweite Dimension: Unsicherheitsvermeidung
Unsicherheitsvermeidung bezieht sich auf die Zulassung von Unsicherheit im (Berufs-)Alltag. Unsichervermeidung ist »der Grad, bis

zu dem sich die Angehörigen einer Kultur durch ungewisse und unbekannte Situationen bedroht fühlen«.

- *Frage:* Wer sichert sich warum und wie ab?
- *Antwort:* Es gibt Länder, in denen die Menschen Unsicherheit weniger ertragen wollen und daher bestrebt sind, viele Versicherungen abzuschließen.

Dritte Dimension: Individualismus und Kollektivismus
Individualismus und Kollektivismus zeigen zwei divergierende Selbstkonzepte. »Individualismus repräsentiert eine Gesellschaftsform, in der die sozialen Bindungen zwischen Individuen nicht sehr fest sind. Von jedem wird erwartet, dass er sich nur um sich selbst kümmert.« (...) »Kollektivismus respräsentiert eine Gesellschaft, in der die Menschen von Geburt an in Wir-Gruppen leben, das heißt, in Gruppen mit einem starken Zusammengehörigkeitsgefühl, die ihnen das ganze Leben lang Schutz für ihre außer Frage stehende Loyalität gewähren.«

- *Frage:* Ist Wohlstand in Ländern mit hoher Individualisierung ein deutliches Zeichen von »um sich selbst kümmern«?
- *Antwort:* Hofstede sieht darin einen Zusammenhang. Doch nicht alle Länder mit hohem Pro-Kopf-Einkommen sind ausgeprägt individualistisch.

Vierte Dimension: Maskulinität und Feminität
Maskulinität und Feminität beschreibt die kulturelle Tradition, Verhaltensweisen als feminin bzw. maskulin zu bezeichnen. »Maskulinität steht für eine Gesellschaft, in der die sozialen Geschlechterrollen klar festgelegt sind: Männer sollen durchsetzungsfähig und hart sein und sich auf materiellen Erfolg konzentrieren, Frauen sollen bescheiden und zärtlich sein und sich mit der Lebensqualität beschäftigen.« (...) »Feminität repräsentiert eine Gesellschaft, in der sich die gesellschaftlichen Geschlechterrollen überschneiden: Sowohl Männer wie Frauen gelten als bescheiden, sensibel und um Lebensqualität bemüht.«

- *Frage:* Wie äußert sich Feminität in Unternehmen?
- *Antwort:* Wenn Frauen und Männer alle Tätigkeiten, Verantwortung und Positionen zu gleichen Bedingungen teilen.

Fünfte Dimension: Konfuzianische Dynamik
Konfuzianische Dynamik bezieht sich auf ein Wertesystem, das anderen gegenüber wohlwollendes, tugendhaftes Verhalten zeigt und alles tut, um die Gesellschaft zu stabilisieren. Hofstede überträgt diese Dimension in eine langfristige und kurzfristige Orientierung im Leben. »Kurzfristige Orientierung steht für das Hegen von Werten, die auf die Vergangenheit und Gegenwart bezogen sind, insbesondere Respekt für Traditionen, Wahrung des »Gesichts« und Erfüllung sozialer Pflichten.« (...) »Langfristige Orientierung steht für das Hegen von Tugenden, die auf künftigen Erfolg hin ausgerichtet sind, insbesondere Sparsamkeit und Beharrlichkeit.«

- *Frage:* Welchen Einfluss kann die Beschäftigung mit den Ahnen auf gegenwärtige Entscheidungen haben?
- *Antwort:* Aus dem Krieg in Vietnam weiß man, dass oft auch die Befragung der Ahnen als ein wichtiger Anhaltspunkt zur Strategie-Entwicklung genutzt wurde.

Beispiel zu den Dimensionen von Hofstede: Frau Meyer trifft John in einem internationalen Projektmeeting, das jedes Quartal stattfindet. Die Deutsche ist Leiterin des hiesigen Teams, der Amerikaner des dortigen. Immer wieder stellt die Hamburgerin fest, dass ihr Kollege ihre Vorschläge nicht wichtig nimmt und offensichtlich keine Lust hat, einzelne konkrete Schritte der Weiterarbeit abzusprechen. Sie muss gerechterweise zugeben, dass er hervorragende Ideen für das langfristige Projektziel einbringt und mit guten Ergebnissen zum Meeting kommt. Sie denkt: »Wenn er sich doch mehr mit mir absprechen würde, dann könnte ich mich besser auf ihn verlassen!« Er denkt: »Warum hält sie so sehr an Bestimmungen fest? Die bremsen uns alle!« **Erklärung:** Dies Beispiel bezieht sich auf die Kulturdimension Unsicherheitsvermeidung. Frau Meyer wagt weniger als John.

107

Fons Trompenaars: Sieben Kulturdimensionen
Model with Seven Cultural Dimentions

Fons Trompenaars legt in seinem »Handbuch Globales Managen« (1993) sieben Kulturdimensionen vor, mit denen er die Kulturenvielfalt und den Umgang damit im Geschäftsleben beschreibt.

Fons Trompenaars presents and describes seven cultural dimensions in his »Handbook for Global Management« (1993), and their relation to various business cultures.

- Die Regeln und die Beziehungen: Gesellschaften in Nordeuropa und Nordamerika, Australien und Neuseeland legen tendenziell mehr Bedeutung auf geschriebene Regeln als Völker in Südeuropa, des Nahen Ostens oder in Asien, Afrika und Südamerika, die mehr Bedeutung in die Beziehungen der Menschen untereinander legen. Sie würden Freunde, auch wenn diese gegen Regeln verstoßen haben, eher nicht verraten.
- Das Individuum und die Gruppe: Westliche (vorwiegend protestantische) Völker sind eher individualistisch geprägt als jene (traditionsgebundenen) Gesellschaften, die mehr kollektivistisch orientiert leben.
- Die Spannbreite, Gefühle zu zeigen: Menschen aus Südostasien und Nordeuropa, auch in Australien gelten als zurückhaltender im Zeigen ihrer Gefühle als jene Völker im Vorderen Orient oder in afrikanischen und südamerikanischen Gesellschaften.
- Die Betroffenheit und das Engagement: Interkulturelle Missverständnisse entstehen leicht dann, wenn eine Person direkt kommuniziert beispielsweise eher in Nordeuropa und Nordamerika, während eine andere indirekt kommuniziert, was eher in Arabien oder Afrika anzutreffen ist.
- Das Erreichen von Status: In westlichen Gesellschaften wird Status eher durch Leistung erreicht, wohingegen in traditionsgebundenen Gesellschaften Status oft auch durch die Zugehörigkeit zu einer bestimmten Familie, einem Clan oder einer Firma weitergegeben wird.

- *Der Umgang mit Zeit:* Die Uhren der Welt ticken gleich, die Empfindung des Zeitraumes ist unterschiedlich. In Nordeuropa, Nordamerika und Australien ist Schnelligkeit Trumpf. Hier tendieren die Menschen dazu, ihren Lebensverlauf linear zu betrachten und alles Machbare in einzelnen Phasen des Lebens diachron, nacheinander, bis auf den letzten Lebenstag hin zu »schaffen«, oft allein auf sich gestellt. Andere Gesellschaften bevorzugen einem polychronen Ablauf und leben im Verbund mit der Familie, dem Clan oder dem Arbeitsteam.

- *Der Umgang mit der Natur:* Während Menschen in modernen Gesellschaften versuchen, die Natur durch technisches Eingreifen zu kontrollieren, fügen sich traditionsgebundene Personen (zum Beispiel auf dem Lande) noch eher den Rhythmen der Natur. Dies hat in Ländern, in denen die Menschen mehrheitlich traditionell und auf dem Lande leben eine viel größere Bedeutung.

Beispiel zu Dimensionen von Trompenaars: Ein indischer Software-Fachmann soll auf dem Podium eines Kongresses in London sprechen. Alle eingeladenen Spezialisten, die auf dem Podium sprechen, treffen sich am Abend vorher zu einem Gespräch, um einzelne Positionen abzusprechen und das Programm zu koordinieren. Der Inder, der zwar schon in London ist, kommt nicht. Nach dem Kongress erwähnt der Moderator: »Schade, dass sie nicht anwesend sein konnten. Wir hätten sie gestern gerne dabei gehabt.«
Erklärung: Der Inder wusste genau, was er auf dem Podium sagen würde, und sah keinen Grund zur Absprache. Als Onkel, der seiner Familienpflicht nachkommen wollte, bevorzugte er den Besuch eines Neffen, der in London studiert.

Dieses Beispiel bezieht sich auf die Kulturdimensionen Beziehungen (versus Regeln), Gruppe (versus Individuum) und Umgang mit Zeit.

Richard D. Lewis: Linear-, multi-, re-aktive Kulturen
Linear-, Multi- and Re-active Cultures

Richard D. Lewis gliedert in seinem »Handbuch internationale Kompetenz« (1996), in dem er kulturübergreifendes Management herausarbeitet, die Vielfalt der nationalen und regionalen Kulturen in linear-, multi-und re-aktiv.

Richard D. Lewis, in his book »Handbook on International Competence« (1996) clusters a broad number of national and regional cultures into the following cultural management categories: linear-, multi- and re-active.

- *Linear-aktive Kulturen:* Dazu zählen aufgabenorientierte Planer und hochspezialisierte Macher aus Nordeuropa, Nordamerika und auch Australien.
- *Multi-aktive Kulturen:* Hier sind Personen zum Beispiel aus Südamerika, Süd- und Westeuropa oder auch einige asiatische Völker und afrikanische gemeint, die mehrere Dinge zur gleichen Zeit tun.
- *Re-aktive Kulturen:* Dies bezieht sich hauptsächlich auf Südostasiaten die beispielsweise als introvertierte, respektorientierte Zuhörer/innen bezeichnet werden.

Beispiel zu Dimensionen von Lewis: Aikos schwedische Freunde haben sich zu einem Besuch in Kyoto angesagt. Am Telefon fragt Bjørn: »Wann passt es euch am besten, dass wir kommen?« »Wann ihr wollt«, antwortete Aiko. Bjørn ließ nicht locker und wollte den Tag wissen, um den Flug danach zu buchen. Er fragte: »Eher am Anfang der Woche oder am Ende?« »Wie es euch möglich ist«, war die Antwort. »Gut, erwiderte Bjørn, wir werden dir eine E-Mail mit der Ankunftszeit schicken!« Als die Schweden in Aikos Wohnung eintrafen, merkten sie, dass Aikos Ehemann schwer krank und zu pflegen war.
Erklärung: Aiko hatte als Vertreterin der re-aktiven Kultur den linear-aktiven Schweden den Ankunftsplan überlassen. Außerdem wollte sie ihre momentanen Sorgen nicht direkt offenbaren.

110

Richard R. Gesteland: Charakteristika internationaler Kulturen
Characteristics of International Cultures

Richard R. Gesteland stellt in seinem Buch »Global Business Behaviour« (1998) verschiedene Charakteristika internationaler Kulturen vor. Er spricht von einer »großen Trennwand« zwischen den Businesskulturen der Welt. Die Länder- und Regionalkulturen internationaler Handelspartner teilt er in sieben Gruppen ein:

- Beziehungsorientiert, formell, polychron, reserviert.
- Beziehungsorientiert, formell, monochron, reserviert.
- Beziehungsorientiert, formell, polychron, expressiv.
- Beziehungsorientiert, formell, polychron, beschränkt expressiv.
- Zurückhaltend abschlussorientiert, formell, beschränkt monochron, expressiv.
- Abschlussorientiert, beschränkt formell, monochron, reserviert.
- Abschlussorientiert, informell, monochron, reserviert.

Richard R. Gesteland presents various characteristics of international cultures in his book »Global Business Behaviour« (1998). He discusses a »large dividing wall« between the business cultures of the world. He divides the national and regional business cultures into seven groups:

- Relationship-oriented, formal, polychronic and reserved.
- Relationship-oriented, formal, monochronic, reserved.
- Relationship-oriented, formal, polychronic, expressive.
- Relationship-oriented, formal, polychronic, moderately expressive.
- Moderatly task-oriented, formal, slightly monochronic, expressive.
- Task-oriented, moderately formal, monochronic, reserved.
- Task-oriented, informal, monochronic, reserved.

Beispiel zu den Dimensionen von Gesteland: Alfred aus Mexiko besucht eine Sprachenschule in Wellington (Neuseeland), um Englisch zu lernen. Er ist als Gast in einer Familie mit einem

111

Sohn gleichen Alters untergekommen. Nach einer Weile ist die Familie genervt, weil durch Alfred die Ruhe gestört ist. Er hält sich kaum an präzise Absprachen, hat immer was zu reden, ist neugierig und ziemlich lärmend, bringt oft Freunde mit, mit denen er sich in seinem Zimmer verkriecht und laut mexikanische Musik hört.

Erklärung: Der junge Mexikaner gehört in den Gesteland-Kategorien zu den polychronen und expressiven Beziehungsmenschen. Mit diesen Eigenschaften ist es nicht wunderlich, dass er der neuseeländischen Familie unangenehm auffällt, denn die ist eher monochron und reserviert.

Nancy Adler: Umgang mit Kulturen-Vielfalt
Managing Cultural Diversity

Nancy J. Adler geht es in ihrem Buch »International Dimension of Organizational Behavior« (2001) besonders um den Einfluss von diversen Kulturdimensionen in Organisationen und um »Managing Cultural Diversity« in der Zusammenarbeit. Mit dem Blick einer Frau schärft sie darüber hinaus die Sichtweise, um Unterschiede nicht nur von Landeskulturen zu erkennen, sondern auch von Frauen und Männern, Alten und Jungen, von Gesunden und Behinderten, Reichen und Armen usw. Diesbezüglich ist ihr Kulturkonzept breiter entwickelt.

Nancy Adler focuses on the extreme influence of culture on organizations and managing cultural diverity in teamwork in her book »International Dimension of Organizational Behavior« (2001). From a woman's perspective she rexpands her analysis beyond the differences in national cultures to those between the sexes, old and young, healthy and physically challenged, rich and poor, etc. Thus, her cultural concept is more extensive than that of many of the other authors.

Beispiel zu Dimensionen von Adler: Die meisten Formulare benutzen immer noch den männlichen Stil und schreiben beispielsweise: der Antragsteller. In der Presse werden weitaus mehr Artikel über Männer geschrieben als über Frauen. Der Zeittakt für die elektronische Türschließung in U-Bahnen ist wenig auf Personen eingestellt, die sich wegen Behinderungen nicht schnell bewegen können.

Erklärung: Wir müssen mehr die Unterschiede der Menschen erkennen lernen. Wenn Mitarbeiter eines Unternehmens verallgemeinernd betrachtet werden, ihre unterschiedlichen Kompetenzen, Bedürfnisse, Überzeugungen und Lebenskonzepte nicht akzeptiert sind, fühlen sie sich diskriminiert. Sie werden wenig motiviert sein, sich für den Erfolg des Unternehmens oder der Gesellschaft zu engagieren. Diversity Management anerkennt Personen in ihrer Vielfältigkeit, sorgt für Zufriedenheit, fördert die Arbeitsmoral im Betrieb, ermöglicht ein gutes Arbeitsklima, erreicht Vertrauen gegenüber dem Management, hat somit Einfluss auf die Produktivität und den Profit des Unternehmens.

»Es kommt immer darauf an«, erwidern oft die Teilnehmenden in Trainings, wenn sie gefragt werden, welcher der Kulturdimensionen sie nach Selbsteinschätzung eher entsprechen, zum Beispiel der linear-, multi- oder re-aktiven oder der Kategorie individualistisch versus kollektivistisch. Und sie haben Recht, denn natürlich kommt es immer darauf an, welcher Kontext eine Rolle spielt (beispielsweise beruflich oder privat) und mit wem sie in Interaktion sind.

Obwohl man sagen kann, dass Nordeuropäer mehrheitlich dazu tendieren, Pünktlichkeit als hohen Wert anzusehen, Afrikaner dagegen Zeitvorgaben flexibler anwenden und französische Mitarbeiter mit Absprachen in der Regel kreativer umgehen, während sich Deutsche genau daran halten, zeigt die mentale Programmierung jeder Person Ansätze all dieser Kulturdimensionen. Je nach Kontext werden diese aber mehr oder weniger ausgeprägt. So können pünktliche Deutsche auch unpünktlich sein, Afrikaner dafür pünktlich.

Es sind selbstverständlich nicht immer alle gleich, und somit gibt es für jede kulturelle Beschreibung einer Personengruppe immer auch welche, die von der Norm abweichen und in die Beschreibung anderer Gruppen hineinpassen. Vielleicht bedeutet Pünktlichkeit nur 70 Prozent der Deutschen etwas, und die anderen 30 Prozent verhalten sich so wie viele Menschen in Afrika, Asien, Südamerika, und wir beschreiben das als unpünktlich.

Landes-Kulturprofile
National Culture Profiles

»Sind wir die Mitte der Welt?«, fragte kürzlich eine Vierjährige auf dem Spielplatz. Aus ihrer kleinen Perspektive gesehen, hat sie Recht. Es sind die Steine im Sandkasten, die Häuser, die Büsche um sie herum, der Weg nach Hause: Alles gehört zu ihrem Mittelpunkt. Andere Kinder in anderen Ländern würden ihren Standort ähnlich beschreiben. Wir alle betrachten von unserem Platz aus die Welt und handeln so, als ob wir der Mittelpunkt wären. Von hier aus setzen wir den Maßstab für alles andere. Schon eine kleine Verschiebung des Standortes ergibt eine »Black-Box«, es taucht etwas auf, was uns fremd erscheint.

Jede Person ist der Mittelpunkt der Welt und eine »Black-Box« für andere

Indianischer Spruch

Every person is the center of the world and a »black box« to others

Native American Indian Proverb

Wenn hier in groben Zügen Landeskulturen beschrieben werden, dann sind das Durchschnittswerte, angelehnt an die oben genannten Kulturforscher, die – wenn man sich mit den Ländern genauer beschäftigt – präziser hinterfragt werden müssen. Wie könnte es möglich sein, dass die Vielzahl von Menschen zum Beispiel in China oder Indien mit wenigen Kultur-Dimensionen zu kategorisieren sind? Regionale, sozialpolitische und besonders individuelle kulturelle Unterschiede spielen dabei natürlich eine große Rolle.

Australien

Australier/innen werden als sachbezogen beschrieben. Nach Hall würden die meisten zur Gruppe der »low context culture« gehören. Sie zeigen eine relativ geringe Machtdistanz (Hofstede). Auch ihr Sicherheitsbedürfnis ist nicht besonders stark. Die Bevölkerung ist sehr individualistisch und ziemlich maskulin strukturiert. Australier/innen sind an inhaltlichen und zeitlichen Regelungen interessiert (Trompenaars), halten ihre Gefühle mehrheitlich im Zaum und äußern sich ziemlich indirekt. Vor diesem Hintergrund könnten sie eher als linear-aktive (Lewis), logisch handelnde Personen beschrieben werden. Nach Gesteland kann man die Australier als abschlussorientiert, informell, monochron und reserviert beschreiben.

Ägypten

Ägypter/innen sind sehr personen- bzw. beziehungsorientiert. Die Beschreibung »high context culture« (Hall) passt gut. Wegen ihrer sehr hohen hierarchischen Struktur pflegen sie nach Hofstede Machtdistanzen. Hinsichtlich der Unsicherheitsvermeidung rangieren sie im Mittelfeld. Sie sind wenig individualistisch, ihre maskuline-feminine Kulturprägung wird in beide Richtungen angegeben. Sie zeigen ihre Gefühle (Trompenaars), nennen ihre Anliegen relativ direkt, sind stolz auf den Status ihrer Familie und lassen sich von der Zeit wenig diktieren. Nach dem Lewis-Modell sind sie eher multiaktiv und nach Gesteland beziehungsorientiert, formell, polychron und expressiv.

China

Die Kommunikationskultur in China wird als dialogorientiert beschrieben und kann daher als »high context culture« (Hall) bezeichnet werden. Chinesen handeln aber sowohl monochronisch als auch polychronisch. Nach den Hofstede-Kategorien kann man davon ausgehen, dass das Bedürfnis zur Machtdistanz relativ stark ausgeprägt ist, wohingegen die Unsicherheitsvermeidung keine so große Rolle spielt. Chinesen sind im Mittelfeld der femininen-maskulinen Skala und Kollektivisten. Sie sind auf gute Beziehungen in ihren Gruppen und Kollektiven (Trompenaars) angewiesen, halten Gefühle zurück, kommunizieren relativ indirekt und lassen sich ungern zeitlich bedrängen. Lewis beschreibt sie als re-aktive Persönlichkeiten und Gesteland als beziehungsorientiert, formell, monochron und reserviert.

Deutschland

Deutsche sind sach-, ziel- und wenig personenorientiert. Sie gehören zur Gruppe der »low context culture« (Hall). Ihr Bedürfnis nach Machtdistanz (Hofstede) ist nicht stark, doch sie vermeiden verunsichert zu werden. Sie sind sehr individualistisch und als wenig feminin einzuordnen. Sie lieben Regeln und Gesetze (Trompenaars), an denen sich die Individualisten orientieren. Gefühle halten sie ziemlich zurück, und unter all den Kulturen gelten sie als das Volk, das scheinbar Kritik offen anspricht. Deutsche verfolgen ein Egalitätsprinzip, genießen dennoch Status wegen ihrer Leistungen, und die sind in engen Zeitvorgaben zu erledigen. Wie alle Industrienationen versuchen auch Deutsche die Natur zu beherrschen. Lewis beschreibt sie als linear-aktiv und Gesteland als abschlussorientiert, beschränkt formell, monochron und reserviert.

Frankreich

»Franzosen sind die Asiaten in Nordeuropa«, sagte jemand, dem in Frankreich Verhaltensnormen aufgefallen sind, die mehr in Asien vorkommen. Vielleicht liegt das daran, dass sie nicht explizit der »low« oder »high context culture« (Hall) angehören. Nach Hofstede sind sie nicht abgeneigt, Machtdistanz in Anspruch zu nehmen, und die Unsicherheitsvermeidung ist relativ stark ausgeprägt. Sie pflegen den Individualismus und sind zu einem hohen Teil als feminin zu beschreiben. Sie sind in den Kategorien von Trompenaars meistens als »sowohl als auch« einzuordnen, und in den Lewis-Materialien rangieren sie als multi-aktive Personen mit einem hohen linear-aktiven Anteil. Gesteland schließlich beschreibt sie als zurückhaltend abschlussorientiert, formell, beschränkt monochron und expressiv.

Großbritannien

Briten sind sachorientiert und gehören zur Gruppe der »low context culture« (Hall). Hofstede bewertet ihr Bedürfnis nach Machtdistanz als nicht sehr ausgeprägt. Sie legen eine relativ hohe Risikobereitschaft an den Tag und sind ausgesprochene Individualisten mit der Tendenz einer maskulinen Verhaltenskultur. Briten legen Wert auf geregelte Verhaltensformen. Im britischen Humor werden sowohl Nähe und Distanz als auch Meinungen und Gefühle indirekt geäußert. Sie vertreten linear-aktive Kulturmerkmale und werden bei Gesteland als abschlussorientiert, beschränkt formell, monochron und reserviert eingeordnet.

Indien

Inder/innen sind personen- und dialogorientiert und vertreten weitgehend die »high context culture« (Hall). Sie vertreten einen hohen Anteil an Machtdistanz (Hofstede) und Risikobereitschaft. Sie liegen im Mittelwert zwischen Individualismus und Kollektivismus und auch zwischen Maskulinität und Femininität. Die indische Gesellschaft ist durch das Kastensystem geregelt. Es wird auf gute und tragfähige Beziehungen (Trompenaars) in der jeweiligen Gruppe sehr geachtet. Die Vertreter der oberen Kasten genießen ihren Status. Inder sagen oft indirekt, was sie wollen und wie sie sich einen Ablauf vorstellen. Ihr Umgang mit Zeit ist nicht besonders zielorientiert. Lewis positioniert sie in die Mitte zwischen multi- und re-aktiven Kulturen. Für Gesteland sind Inder beziehungsorientiert, formell, polychron und reserviert.

Italien

Die personenorientierten Italiener/innen werden als »high context culture« (Hall) beschrieben. Machtdistanz und Sicherheitsbedürfnis (Hofsted) scheint ihnen nicht immer wichtig zu sein. Ihr Bestreben nach Individualismus ist ziemlich ausgeprägt, und maskuline Tendenzen werden gepflegt. Italiener/innen legen auf Beziehungen (Trompenaars) wert, sind individualistische Gruppenmenschen, zeigen ihre Gefühle, drücken sich nicht immer spezifisch aus und gehen mit Zeit locker um. Sie sind multi-aktiv und werden von Gesteland als zurückhaltend abschlussorientiert, formell, beschränkt monochron und expressiv beschrieben.

Spanien

Die spanische Kultur ist eine »high context culture« (Hall). Das Bedürfnis der Spanier/innen nach Machtdistanz und Individualismus (Hofstede) wird im Mittelfeld angegeben, die Unsicherheitsvermeidung liegt höher, und Maskulinität zeigt sich deutlich. Ohne gute Beziehungen (Trompenaars) wird es keine langfristigen Geschäfte geben. Spanier/innen neigen dazu, Gefühle auch zu äußern. An zeitliche Vorgaben halten sie sich nicht strikt. Für Lewis sind sie multi-aktive Personen, und als beziehungsorientiert, formell, polychron und expressiv werden sie von Gesteland beschrieben.

Türkei

In der Türkei ist vorrangig eine personenorientierte »high context culture« (Hall) vertreten. Die Türken legen Wert auf Machtdistanz (Hofstede), und bezüglich Sicherheit lassen sie es auf ein Risiko ankommen. Was Individualismus beziehungsweise Kollektivismus und Maskulinität versus Femininität betrifft, behaupten sie sich im Mittelfeld. Normen (Trompenaars) spielen eine große Rolle, aber Beziehungen innerhalb der Gruppen, besonders der Familie, bilden das Netz. Gefühle werden teilweise geäußert. Der Status der Familie ist äußerst wichtig. Die türkische Bevölkerung ist weitgehend multi-aktiv (Lewis) mit einigen re-aktiven Anteilen, und Gesteland beschreibt sie als beziehungsorientiert, formell, polychron und beschränkt expressiv.

USA

Amerikaner/innen sind ziel- und faktenorientiert und gehören zu den »low context cultures« (Hall) mit relativ hoher Machtdistanz (Hofstede). Ihr experimentelles und »let's do it«-Interesse resultiert auch aus dem geringen Bestreben nach Unsicherheitsvermeidung. Amerikaner/innen stehen an der Spitze der Rangliste der Individualisten und zeigen Tendenzen maskulin geprägter Kultur. In den Trompenaars-Kategorien werden sie als ein Volk gesehen, das Gesetze und Regeln sowie zeitliche Absprachen sinnvoll findet. Die linearaktiven Amerikaner/innen (Lewis) werden von Gesteland als abschlussorientiert, informell, monochron und reserviert beschrieben.

Konzepte
und Empfehlungen
Concepts
and Recommendations

Wenn wir in andere Länder reisen oder mit Personen aus dem Ausland zu tun haben, haben wir Bilder über die anderen im Kopf. Manch anderes Land scheint uns so lange bekannt, solange wir es nicht betreten haben. Wir haben eine Vorstellung, wie andere sind, wir erwarten, dass sie sich so verhalten, wie unsere Vorstellung ist. Mit unseren Erwartungen gehen wir auf Fremde zu und reisen in die Fremde.

> When we travel to other countries or when we have contact with people abroad, we have a picture in our minds of that country and its people. We seem to know some other country until we actually set foot in it. We have an idea of how its people behave, and we expect that they will behave according to our expectations. We anticipate something that cannot be accurate. Thus, we go to an unknown place with unreasonable expectations, which help make our destination even more unknown.

Als ich mich 1968 auf den Weg nach Vietnam machte, befürchtete ich eine wegen des Krieges traurige Bevölkerung vorzufinden. Natürlich waren die Menschen häufig traurig, dennoch war ich überrascht, wie oft sie ihre Feste fröhlich feierten.

Während meines ersten Besuchs in Indien vor 40 Jahren war ich erstaunt, dass sich die meisten Inerinnen und Inder, die ich beruflich traf, weniger spirituell zeigten, als ich es erwartet hatte. Mein Bild von afghanischen Frauen, damals vor fast 40 Jahren, war, dass ich durch Männer unterdrückte Menschen treffen würde. Ich hatte eine Vorstellung von geknechteten Wesen. Aber

Tipp: Um derartige Fehleinschätzungen zu vermeiden und Kulturschocks zu verringern, sollte im interkulturellen Training der Blickwinkel erweitert werden.

in der Zusammenarbeit hatte ich auch mit Frauen zu tun, die ihr Leben selbst in die Hand nahmen.

Auch der Alltag in Ägypten verlief ganz anders als erwartet, ebenso in den USA, Australien – und überall dort, wo ich war.

Frau A., Mitarbeiterin eines großen deutschen Unternehmens, ist seit fast drei Jahren in den USA. Sie erinnerte sich genau an ihre Anfangszeit, als sie mit den Jokes der Amerikaner nichts anfangen konnte. Die waren ihr zu oberflächlich. Sie fühlte sich nicht ernst genommen. Als sie schließlich lernte, damit umzugehen, hatte sie manchmal den Eindruck, sich selbst nicht ernst zu nehmen. Jedenfalls hatte sie es nachträglich oft bereut, die interkulturelle Vorbereitung nicht in Anspruch genommen zu haben. Sie war davon ausgegangen, weil sie international schon oft unterwegs und häufig in den USA war, dass ihr Aufenthalt nicht kompliziert sein würde.

Herr B., Diplomat in Canberra, verrät im Interview: »Meinen größten Kulturschock hatte ich in Australien. Ich hatte nicht erwartet, dass es schwierig sein könnte, mit Australiern zu arbeiten.«

Resümee – Summary

- Es ist immer mein Blick, es ist meine Brille, mit der ich andere Personen und Verhältnisse betrachte.
  It is always through my perspective and my glasses that I see others' behavior, not through theirs.

- Es sind meine Erwartungen, die mich (fehl)leiten.
  It is my set of expectations that leads me (often astray).

In den letzten Jahren habe ich mich sehr mit Australien und Neuseeland beschäftigt. Während meiner Recherchen über kulturelle Differenzen zwischen Deutschen und Australiern gab es mehrere Aussagen, die auf ein hohes Maß verschwendeter Kapazitäten teurer Manager hinwiesen. Nur ein Unternehmen bereitete seine Expatriates interkulturell vor. Alle anderen Interviewpartnerinnen und -partner waren auf den Auslandsaufenthalt nicht vorbereitet worden, auch nicht ihre Familien. Sie alle hatten die Vorstellung, in Australien würde es keine Probleme geben. Von Deutschland aus ist das riesige »down under« rot, heiß, easy. Dort dagegen spricht man über Europa, das winzige Deutschland alleine zählt kaum. Australier/innen, die in Europa zu tun haben, sind häufig ebenfalls nicht auf unsere Kulturunterschiede vorbereitet. Viele stammen aus ehemaligen europäischen Familien und vermuten heimzukommen.

Herr A. in Melbourne berichtete: »Die Personalabteilung in Deutschland kann sich nicht vorstellen, dass es viele kulturelle Unterschiede zwischen Deutschen und Australiern gibt und dass die Zusammenarbeit viel weniger effektiv läuft als erhofft. Ich bin oft der Puffer zwischen den Erwartungen aus Deutschland und den realen Möglichkeiten in Australien.«

Herr B. von einem anderen Unternehmen formulierte: »Rund 70 Prozent meiner Arbeitskraft gebe ich für die Firmenpolitik zwischen den Kontinenten – was für eine Verschwendung meiner Ressourcen!«

Und Herr C. in Sydney erwähnte: »Es ist davon auszugehen, dass bei einem interkulturell nicht vorbereiteten Aufenthalt von nur einem halben Jahr insgesamt etwa drei bis vier Wochen Arbeitszeit für die Organisation des Lebens und Arbeitens und für die Anpassung an fremde Verhältnisse auf Kosten der Firma berechnet werden muss. Bei einem längeren Vertrag verlängert sich der Anpassungsprozess, da höhere Ansprüche gestellt werden, um etwa vier bis fünf Wochen. Ist die Familie dabei, muss mit einem noch aufwändigeren Integrationsprozess gerechnet werden.«

In recent years I have worked a great deal with Australia and New Zealand. During my research on the cultural differences between Germans and Australians, there was evidence that many expensive managers' capabilities were being wasted. Only one organization prepared its expatriates interculturally. All of the other interview partners were not prepared to work abroad and neither were their families. They all had the expectation that they would not have any problems in Australia. From Germany's perspective, »Downunder« is a hot and easygoing kind of place. In Australia people often talk about Europe. Germany alone is only a tiny part. Australians who work in Europe are not prepared for the cultural differences. Many come from formerly European families and expect to come »home« when they relocate to Germany.

Mr. A. in Melbourne reports: »The Personnel Department in Germany cannot imagine how many cultural differences exist between Germans and Australians. Nor do they expect their teamwork with the Australians to be so ineffective. I am often the buffer between the expectations in Germany and the real possibilities in Australia.«

Mr. B. from another company stated: »I spend around 70% of my time assisting with the company politics between the continents – what a waste of my resources!«

Mr. C. in Sydney expressed that: »It should be expected that a staff member, who is sent abroad for half a year and does not receive intercultural training, will require about 3–4 weeks of worktime to adjust to his or her work and daily life appropriately. The company ›pays‹ for this in more ways than one. It must recognize that this transition period is necessary if it does not provide training. With a longer contract, the adaptation process takes even longer, perhaps as long as 4–5 weeks. When one is accompanied by his/her family an extensive integration process is necessary.«

Resümee
Summary

- Der Berufsalltag verantwortlicher Manager im Ausland ist immer anders als zu Hause: verantwortungsvoller, vielfältiger, anstrengender, meistens fällt noch mehr Arbeitszeit an.
  The daily life of a manager abroad is never like it was »at home.« He/she has more responsibility, the work is more complex, stressful, and often requires longer working hours.

- Der Alltag der Partnerinnen ist ebenfalls anders als zu Hause: mit mehr Verantwortung für die Kinder, einsamer wegen mangelnder sozialer Anbindungen, instabiler, wenn die eigene Berufstätigkeit und Herausforderungen fehlen, anstrengender, weil der Partner weniger Zeit mit der Familie verbringt.
  The everyday life of the spouse is also very different abroad than it is at home: he/she has a larger responsibility for children, a more lonely existence because there are not as many social outlets or opportunities, a loss of stability without a job and professional challenges and more demanding because the partner must spend less time with the family.

Firmen, die bereit sind, ihren Expatriates und deren Familien ein Vorbereitungsseminar mit interkulturellem Training (zum Beispiel über Erwartungen, Kommunikations- und Verhandlungsstile, Mitarbeiterführung einerseits und Leben in der Fremde, Umgang mit Stress und Kulturschock andererseits) zu ermöglichen, verkürzen den Anpassungsprozess um rund 50 Prozent. So ein Seminar kostet Unternehmen nur einen Bruchteil der Ausgaben, die es für die »verlorene Zeit der Anpassung« oder für das »Pufferdasein« hochbezahlter Manager erstaunlicherweise bereit ist auszugeben.

Mit der Auslandsvorbereitung allein ist es für ein international agierendes Unternehmen aber nicht getan. Die interkulturelle Personalkompetenz ist ein systematischer Vorgang und ein anspruchsvoller Prozess, der sich schließlich wie ein Versorgungssystem durch alles und jede Person durchdrängt. Die interkulturelle Kompetenz kann mit diversen Konzepten trainiert werden. Es spielen, was die Vorbereitung auf Auslandsgeschäfte betrifft, folgende Fragen eine Rolle:

- Mit welchen Ländern beziehungsweise Kulturen hat das Unternehmen zu tun?
- Bleibt das Personal am Ort?
- Reisen Mitarbeiterinnen und Mitarbeiter immer wieder in diverse Richtungen der Welt?
- Gehen Führungskräfte für einige Jahre ins Ausland?

Von eintägigen Informationsschulungen über fortlaufende Sensibilisierungsseminare bis hin zu mehrtägigen Trainings zur Anpassung an andere Kulturstandards ist es möglich, zielgruppenorientiert und stufenweise zu arbeiten.

Die meisten Teilnehmenden an Seminaren, die sich mit einer anderen Kultur und einem anderen Land beschäftigen, haben sowohl Ängste und Vorurteile als auch Neugierde und Freude.

Companies prepared to provide their relocating employees and their families with preparatory intercultural training (about realistic expectations, communication, negotiation and management styles in the target culture, on the one side, and life abroad preparation, coping mechanisms and strategies for stress magagement and culture shock on the other), reduce the adaptation process by about 50%. Such seminars cost the company only a small percentage of what it would cost in lost time and money for a highly paid manager to make the adjustment alone. Not to mention cultural faux pas and other mistakes which could endanger business relationships. Suprisingly some firms continue to engage in this costly process.

Providing pre-departure training is not all that a company operating interntationally needs to do. Intercultural personnel competence is a systematic and demanding process that, in the end, becomes a support network that affects everything and every person in a company. Intercultural competence can be trained using various concepts. The following questions play an important role in international relocation training.

- Which countries and cultures does the company work with?
- Will the staff stay in one location?
- Do employees travel regularly to different locations around the world?
- Do managers work for a certain number of years abroad?

Through regular one-day informational presentations about current sensitivity seminars and 2+ day training programs on the adaptation to other cultures, it is possible to gradually orient target groups of employees.

Most seminar participants who deal with other cultures experience fear and prejudice as well as curiosity and enjoyment.

Interkulturelle Seminare
Intercultural Seminars

Übliche Seminarinhalte der Module sind
Typical content areas of the modules are

- Geschichte und Politik.
  History and Politics.

- Religion und Ethik.
  Religion and Ethics.

- Kultur und Kommunikation.
  Culture and Communication.

- Organisation und Hierarchie.
  Organization and Hierarchy.

- Leben im Ausland und Kulturschock.
  Life Abroad and the Culture Shock Process.

Sinnvolle Methoden des Trainings können sein
Effective training methods could be

- Inputs und Referate.
  Presentations and Lectures.

- Gruppenarbeit und Fallbeispiele.
  Group Work and Case Studies.

- Rollenspiele und Simulationen.
  Role-Plays and Simulations.

- Arbeiten mit Texten und Kurzgeschichten, Bildern und Filmen, Musik und Gegenständen aus der jeweiligen Kultur.
  Work with Texts and Short Stories, Pictures, Film, Music and other Examples from the Target Culture.

Angebote für die verschiedenen Zielgruppen sind
Training or coaching options for target groups are

- Coaching für die Auswahl internationalen Personals.
  Choosing the best personnel to send abroad.

- Auslandsvorbereitung (Expatriates und Familien).
  Pre-departure training (for expatriates and families).

- Interkulturelle Organisationsentwicklung.
  Intercultural organizational development.

- Interkulturelle Teambildung (virtual team).
  Intercultural teambuilding (and virtual teams).

- Mentoring im Ausland.
  Mentoring abroad.
- Interkulturelle Mediation für Einzelpersonen und Gruppen.
  Intercultural mediation for individuals and groups.
- Diversity- und Gendertraining.
  Diversity and gender training.
- Moderation und Präsentation im internationalen Kontext.
  Facilitating and presenting in an international context.
- Coaching in E-Mail-Etikette international.
  International E-mail etiquette.

Deutschland ist nicht nur ein Einwanderungsland, viele Menschen sind auch für kürzere Zeit oder für immer ausgewandert. Wenn es um den interkulturellen Dialog geht, fällt auf, dass einige Unternehmen mehr oder weniger bereit sind, junge Nachwuchskräfte auf einen Auslandsaufenthalt vorzubereiten, aber viele Firmen damit immer noch multikulturelle Folkloreveranstaltungen meinen. Es geht dabei aber um sehr viel mehr.

Germany is not only a country that people immigrate to, it is also a country, which many people emmigrate from for a short time or permanently. When it comes to intercultural discussion, some companies are more likely than others to prepare young managers for international assignments. But many still just let the cultural folklore influence and »prepare« their employees.

Das Etablieren der »Interkulturellen Kompetenz« ist ebenso eine Querschnittsaufgabe, die alle Tätigkeitsbereiche und alle Personen betrifft, wie die Themenkomplexe Gender-Dialog und Diversity-Management.

In fast jedem Seminarthema wäre ein interkulturelles Modul angebracht. Eigentlich dürfte kein Training mehr ausgeschrieben werden, das sich nicht auch mit den weltweiten kulturellen Unterschieden im Hören, Aufnehmen, Verarbeiten und Präsentieren beschäftigt. Wie viel eher würden sich ausländische Personen auf Trainings bewerben, von denen sie wüssten, dass sie selbst in ihrer spezifischen

129

kulturellen Prägung auch Teil des Themas sind? Folgende Themen könnten schnell interkulturalisiert werden:

- Arbeitsmedizinische Konzepte und Gesundheitsförderung,
- Coaching und Supervision,
- Frauenförderung,
- Führungsstrategie und Leitungskompetenz,
- Konfliktmanagement,
- Mitarbeiter-Vorgesetzten-Gespräch,
- Moderation und Präsentation,
- Motivationstrainings und Kreativitätstechniken,
- Personalführung und Personalmanagement,
- Personalentwicklung (zum Beispiel Stellenausschreibung, Auswahl, Verträge, Aufstieg),
- Projektmanagement,
- Prozesse beeinflussen,
- psychosoziale Störungen, psychologische und soziale Angebote,
- Selbstpräsentation und Marketing,
- Teamtraining,
- Zeitmanagement.

> Establishing intercultural competence is a cross-section of several disciplines, which covers all areas of work and all people; for example, the topics of gender dialog and diversity management.

In almost every one of the following seminar topics, an individual intercultural module would be appropriate. No training today should ignore the worldwide cultural differences that exist in listening, learning, working and presenting norms. How many international people would apply for intercultural training if they knew that learning about their own cultural norms was part of the training experience? The following topics could become interculturalized:

- Medical Concepts and Healthcare Methods,
- Coaching and Supervision,
- Promotion of Women,
- Leadership Strategy and Management Skills,

- Conflict Management,
- Subordinate-Supervisor Communication,
- Facilitation and Presentation Skills,
- Motivation Training and Creativity Techniques,
- Personnel Management,
- Personnel Development (position descriptions, selection process, contracts and promotions, etc.),
- Project Management,
- Process Management,
- Psycho-social issues, and psychological and social support,
- Self-Presentation and Marketing,
- Team Training,
- Time Management.

Solche Schulungen haben über die Mitarbeiter einen direkten Einfluss auf die gesamte Organisation. Deswegen sollten alle Personen, die in einer Organisation arbeiten, regelmäßig an Informationsveranstaltungen und interkulturellen Trainings teilnehmen.

Im Folgenden werden drei ausgesuchte Konzepte vorgestellt, die zur Interkulturalisierung eines Unternehmens beitragen können. Sie beziehen sich auf die

- Entwicklung des Auslandspersonals
- mit dem Punkt der Double-Career-Problematik und
- auf den methodischen Einsatz von Filmen.

Below, three selected concepts will be introduced, which can contribute to the interculturalization of a company. They refer to:

- Development of personnel to be sent abroad with
- double career family challenges and
- using film as a training technique method.

Such courses, through their impact on employees, have a direct influence on the whole organization. Therefore all staff members should take part in regular presentation of information and intercultural training seminars.

Konzepte zur Interkulturalisierung von Unternehmen
Concepts to Interculturalize Companies

- Interkulturelles Organisationslernen in vier Phasen
  Intercultural Organization in Four Phases
- Auslandskarriere für Partnerinnen und Partner
  Double-Career-Resolution
- Interkulturelles Lernen durch Filme und andere Medien
  Intercultural Teaching through film and other media

132

Interkulturelles Organisationslernen
Intercultural Organizational Learning

Agiert ein Unternehmen international, dann ist interkulturelles Organisationslernen ein notwendiger und allumfassender Lernprozess für alle Mitarbeiterinnen und Mitarbeiter, der quer durch alle Hierarchien, Abteilungen und Tätigkeitsfelder geht. Er beginnt mit der Bewerbung einer Person und der Einstellung, dauert über den eventuellen Auslandsaufenthalt bis zum Reintegrationsworkshop an und ist auch dann noch nicht beendet. Wir empfehlen Unternehmen für die systematische interkulturelle Entwicklung ihres Fach- und Führungspersonals folgende Phasen zu beachten:

Bewerbung – Einstellung – Interessenbekundung – Vorauswahl
Double-Career-Problem

Mit allen Bewerbern und Bewerberinnen sollte von Anfang an über einen möglichen Auslandsaufenthalt gesprochen und die Wichtigkeit seitens der Firma explizit benannt werden. Im Gespräch sollte auf die Bereitschaft zur Ausreise mit den jeweiligen Partnern und mit der Familie hingewiesen werden.

Mögliche Auslandsinteressierte sollten immer wieder an eine Tätigkeit im Land XY erinnert werden. Die Partner beziehungsweise die Familie sollten frühzeitig einbezogen werden. Dazu könnte ein Faktenpapier sinnvoll sein. Gezielte Fragen, die eine Auseinandersetzung fördern, sind:

- Was gewinne ich, gewinnen wir durch einen Auslandsaufenthalt?
- Was hat das Unternehmen davon?

Das Paar hat ungefähr zwei Wochen Zeit, miteinander darüber zu sprechen und sich gegenseitig die Fragen zu beantworten und Strategien für berufliche Alternativen (meistens der Frauen während des Auslandsaufenthaltes) zu entwickeln. Danach könnte ein Workshop die Ergebnisse und Bedenken auffangen. Die meisten Vertragsinhaber sind Männer, also sind es Frauen, die mit ausreisen. Doch vielen Frauen macht Folgendes Angst:

- Die Störung der Balance des Zusammenlebens.
- Die Veränderung des Mannes durch die Position beziehungsweise Aufgabe im fremden Land.
- Das Ausgeliefertsein, wenn sie nicht berufstätig sein können und ihre Kontaktpersonen in Deutschland sind.
- Die Unsicherheit, weil sie mehr als ihre Männer mit der fremden Welt (Sprache, Kultur) zu tun haben werden.
- Die mangelnde Bestätigung, wenn sie ihren Beruf aufgegeben haben und sich auf Familienarbeit »reduziert« fühlen.

Das Unternehmen sollte sehr frühzeitig mit den Personen, die mit ausreisen, einen alternativen Plan überlegen.

Auswahl – Vorbereitung
Pre-departure und Double-Career-Resolution

Lange vor der konkreten Zusage sollte den möglichen Expatriates eine Selbsteinschätzung der interkulturellen Kompetenz angeboten werden, um den Stand des individuellen interkulturellen Knowhows (besonders bezüglich des Ausreiselandes) zu dokumentieren. Dafür eignet sich zum Beispiel das DAC (Diversity Assessment Center) von Hecht und Szodruch), der CCA (Cross-Cultural Assessor) von Richard Lewis besonders gut. Die Selbsteinschätzung kann anonym bearbeitet werden. Auf dieser CD-Rom sind viele kulturell-typische Informationen zu 50 Ländern aufbereitet. Mit ihr können sich Vertragsinhaber »überprüfen«, ihr eigenes kulturelles und interkulturelles Kompetenzprofil erstellen und dann mit Fakten zum Beispiel über spezielle Länder vergleichen. Es können neue Informationen etwa über Verhandlungsstile oder Meetingkultur in XY abgefragt und wiederum mit Angaben anderer Länder verglichen werden. Ein weiterer Vorteil ist, dass Partner und Familien am CCA auch Gefallen finden, weil sehr viele allgemeine länderspezifische und interkulturelle Informationen mit diesem Medium entdeckt werden können.

Partner/innen, die mit ausreisen und ihre hoch bezahlte Berufstätigkeit unterbrechen, erwarten vom Unternehmen eine adäquate Alternative (berufliche Tätigkeit im anderen Land, Weiterbildungsmöglichkeiten etc.). Diesbezügliche Diskussionen in den Unternehmen zeigen verschiedene Angebote. Unabhängig davon ist die klassische Auslandsvorbereitung der Vertragsperson mit Partnerin oder Famile ein sinnvolles Angebot.

Auslandsaufenthalt – Auslandsbetreuung
Assignment

Ein längeres Auslandsleben ist sowohl für Einzelpersonen als auch für ganze Familien einerseits mit Neugierde, Interesse und Freude, aber andererseits mit Spannung, Frustration und Kulturschock verbunden. Es ist kein Geheimnis mehr, dass viele Auslandsverträge frühzeitig abgebrochen werden und auch Familien/Paare auseinander gehen. Viele Frauen langweilen sich entsetzlich, wenn sie im Ausland keine Alternative finden.

Empfehlenswert ist die Einrichtung einer Hotline für Beratungsbedarf in Absprache mit interkulturellem Trainerpersonal, das an der Vorbereitung beteiligt war, und/oder mit Vertrauenspersonen im Betrieb.

Heimkehr – Reintegration
Return – Re-entry

Auch die Reintegration ist ein Prozess, der schon im Ausland beginnt und im Heimatland meist wieder mit einem Kulturschock einhergeht. Viele Unternehmen beschäftigen sich nicht mit den

135

Rückkehrenden. Sie helfen weder den Personen, sich wieder im Betrieb zurechtzufinden, noch nutzen sie deren gewonnene interkulturelle Kompetenz. Die persönliche »interkulturelle Landkarte« entsteht durch eine lebenslange Lernerfahrung. Interkulturelle Kompetenz wird durch Reflexion und Reintegration in Arbeitsprozesse gesichert. Wenn Unternehmen/Organisationen etwas von der interkulturellen Kompetenz haben möchten, dann sollten sie ein ganzheitliches Betreuungskonzept anbieten, in dem gerade auch die Reintegration wichtig genommen wird. Rückkehrende sind aufgerufen, Angebote von diversen Reintegrationsmaßnahmen wahrzunehmen. Ein Auslandsaufenthalt im Auftrag des Unternehmens ist keine ausschließliche Privatangelegenheit. Daher sind die individuellen Berufserfahrungen und das interkulturelle Know-how auch kein Privatschatz.

Mit dem Vergleichen der früheren Auswertung der interkulturellen Kompetenz (CCA von Richard Lewis) mit einem neuen Profil nach der Rückkehr könnte ein interkultureller Zugewinn »gemessen« werden.

Lernen ist ein emotionaler Prozess. In einem Reintegrations-Workshop sollten daher beim Präsentieren des gelernten interkulturellen Know-hows alle Sinne genutzt werden, um den interkulturellen Lerngewinn auszudrücken. Dazu gehören folgende Ausdrucksmöglichkeiten

- kinästetisch – körperlich (Bewegungen, Figurendarstellungen),
- taktil – künstlerisch (Malen, Modellieren, Musik, Film, Fotos),
- sprachlich – schriftlich (Interviews, Short Stories, Critical Incidents).

Schließlich können die Ergebnisse (Output) zu neuem Input verarbeitet werden (s. Interkulturelles Lernen durch Filme und andere Medien) und für neue Vorbereitungen dienen:

- schriftlich (Berichte, Short Stories, Critical Incidents),
- visuell (Bilder und Filmmaterial),
- personell (Ressourceperson für Vorbereitung schulen).

Fragen und Tipps zur Re-Integration

- Was haben Rückkehrende von der Rückkehr?
- Was nutzt es den einzelnen Personen beziehungsweise der Familie?
- Was hat das Kollegenteam vom Rückkehrer, von der Rückkehrerin?
- Was hat die Abteilung beziehungsweise die Firma von den Rückkehrern?
- Welchen Einfluss kann interkulturelle Kompetenz auf die Organisation, auf die Produktentwicklung, die Sicherheit und auf die Präsentation der Firma nach außen haben?
- Gibt es bereits negative Erfahrungen mit Rückkehrern und Rückkehrerinnen?
- Wie ist die Organisation damit umgegangen?
- Was kann daraus gelernt werden?

Sonstige Überlegungen für eine Interkulturalisierung eines Unternehmens/einer Organisation
- Regelmäßige Infoveranstaltungen mit entweder Länder- oder Kulturbezug (zum Beispiel eine Islamklausur: denn in fast allen Unternehmen arbeiten auch Muslime).
- Mentoren und Tandempartner innerhalb des Unternehmens auswählen.
- Brücken nach außerhalb bauen (Kooperationen mit Schulen, Frauenverbänden, Volkshochschulen, Hochschulen, Universitäten, Geschäften, kulturellen Einrichtungen usw.).
- In der Unternehmenszeitung oder im Intranet regelmäßig über »Interkulturelles ...« informieren (Wissensmanagement), beispielsweise
  - aus interkulturellen Trainings und Seminaren,
  - Interviews der am Training Teilnehmenden,
  - Erfahrungsberichte von Auslandsmitarbeitern,
  - Überlegungen für die berufstätigen (mit ausreisenden) Partner/innen,
  - Gespräche mit Personen, die das Leben im Aufland gut gemeistert haben,
  - Zeichnungen und Berichte von Kindern,
  - Ausstellungen von interkulturellem Bild- und /Filmmaterial im Werk.

Auslandskarriere für Partner/innen
Double-Career-Resolution

Situation – das Problem

Der Erfolg eines Auslandsengagements hängt nicht allein von der Unternehmensstrategie oder den fachlichen Kompetenzen des entsandten Mitarbeiters oder der entsandten Mitarbeiterin ab.

Die individuelle Dimension eines Auslandsaufenthalts und deren Auswirkung auf die Effektivität der entsandten Mitarbeiter/innen ist nicht zu unterschätzen. Verschiedene Untersuchungen führen bis zu 50 Prozent aller vorzeitigen Abbrüche auf Anpassungsprobleme der Lebenspartner oder der Familie zurück. Schadensschätzungen belaufen sich auf 55.000 bis 150.000 USD pro vorzeitig zurückgekehrter Personen. Ganz davon abgesehen, dass sie auch im Stammunternehmen Probleme aufwerfen.

Die Anforderung an die internationale Personalplanung beschränkt sich also nicht allein auf die Auswahl der richtigen Mitarbeiter und der Unterbringung einer Familie, sie hat sich auch mit der Karriereplanung des Lebenspartners beziehungsweise der Lebenspartnerin auseinander zu setzen. Der Fokus liegt hier vor allem auf zwei verschiedenen Gruppen:

- **Gruppe 1:** Führungspersonen und Spezialistinnen, die, wenn sie mit ihren Partnern ins Ausland gehen sollen, einen äquivalenten Job im anderen Land oder eine Weiterbildung fordern.
- **Gruppe 2:** Andere qualifizierte Personen die bereit sind, (auch nicht direkt berufsrelevante) Tätigkeiten oder Jobs im anderen Land anzunehmen beziehungsweise eine Karriere- und Arbeitspause einzulegen.

Ein Auslandsaufenthalt sollte für alle Beteiligten einen persönlichen und beruflichen Anreiz bieten. In Unternehmen der Branchen mit eher männlichen Berufsfeldern, gehen eher Männer ins Ausland. Wie kann ein solches Unternehmen den Nachfragen für eher weibliche Berufe der Partnerinnen, wie zum Beispiel Lehrpersonal, Ärztinnen, Wissenschaftlerinnen etc., begegnen?

Eine Lösung für diese Anforderungen aus eigenen inneren Ressourcen zu finden, ist selbst für ein großes Unternehmen meist schwierig.

Ziel – die Problemlösung

Ziel ist, zukünftigen Auslandsmitarbeitern den Weg ins Ausland und vor Ort zu erleichtern und den Partnern bzw. Partnerinnen eine äquivalente Arbeitsalternative anzubieten. Durch eine noch gezieltere Auswahl der Mitarbeiter und einer umfassenden Vorbereitung auf den Auslandsaufenthalt durch genaue Analyse von Erwartungen und Anforderungen aller Beteiligten können Fehlinvestitionen bei Auslandsaufenthalten vermieden werden.

Partner/innen, die mit ausreisen und ihre hoch bezahlte Berufstätigkeit unterbrechen, erwarten vom Auftraggeber eine adäquate Alternative. Dies sollte individuell zwischen der Frau/dem Paar einerseits und der Firma andererseits ausgehandelt werden. Je nach Wunsch und Orientierung und je nach konkretem Vorhaben, könnte die Firma einen gewissen Beitrag zum Projekt dazuzahlen (nach skandinavischem Muster 80:20 Prozent Eigenbeitrag).

In diesem Zusammenhang wäre die Gründung eines Interessenpools mit anderen international arbeitenden Unternehmen und Institutionen praktisch. Die Verwaltung sollte durch eine von den Personalabteilungen beauftragte außenstehende Vermittlungsagentur geschehen. Diese Agentur hätte vorrangig Vernetzungs- und Betreuungsaufgaben sowohl im Heimatland als auch in diversen Ländern selbst, wo sie sich, den Anforderungen entsprechend, um die Vermittlung von Tätigkeiten und Jobalternativen bemüht.

Möglichkeiten – der Weg zur Problemlösung

Bei der Personalauswahl lässt sich Folgendes festhalten:

- Die Auswahl der Auslandsmitarbeiter/innen sowie deren Partner und Kinder sollte sehr sorgfältig getroffen werden.
- Die interkulturelle Kompetenz (zum Beispiel mit den Lewis-Kategorien) muss bei den beteiligten Personen identifiziert werden.

Ein Workshop, der zeitlich weit vor einer eventuellen Ausreiseüberlegung liegt, sollte stattfinden, um auf die Möglichkeiten und Schwierigkeiten eines Auslandaufenthaltes hinzuweisen. Folgende Themenschwerpunkte sollten in einem solchen Workshop behandelt werden:

- Worin liegt die Herausforderung, ins Ausland zu gehen?
- Was kann es dem Paar bringen, worin liegt der Gewinn?
- Welches Karrierekonzept, welche Lebensplanung hat das Paar beziehungsweise hat die Familie?
- Was bedeutet persönliches Wachstum?
  Was hat jede Person einzeln davon? Was hat das Paar oder die gesamte Familie davon?
- Was bin ich bereit, dafür zu verändern und in Kauf zu nehmen?

Fällt die Entscheidung für einen Auslandsaufenthalt, dann gilt es, die folgenden Vorbereitungen zu treffen:

- Der Stand des individuellen interkulturellen Know-hows muss dokumentiert werden (zum Beispiel durch Cross-Cultural Assessor).
- Gegebenenfalls müssen auch Arbeitsplätze, Tätigkeitsfelder sowie Weiterbildungsangebote für die Personen der Gruppen 1 und 2 vermittelt werden.

Parallel dazu kann eine Agentur aufgebaut werden mit den Zielen:

- Vermittlung von Arbeitsplätzen für Personen der Gruppe I im Ausland (gesucht wird Job, Träger, Arbeitserlaubnis etc. durch Headhunter, ZAV, verschiedene im Ausland tätige Organisationen, internationale Frauenverbände etc.).
- Identifizieren möglicher Tätigkeiten für Personen der Gruppe II im eigenen oder in anderen Unternehmen bzw. Organisationen im anderen Land.
- Eruieren der Angebote möglicher Qualifizierungsmaßnahmen bzw. Weiterbildungen im Ausland oder virtuell durch Telelearning.
  Vernetzen aller Unternehmen und Organisationen, die beispielsweise in einer bestimmten Stadt oder Region im Ausland tätig sind, um sie zu motivieren oder sogar zu verpflichten, Angebote für Jobs, kreative Tätigkeiten, Weiterbildungsmöglichkeiten vor Ort zu nennen.
- Kooperieren zwischen Branchen mit männlichen und weiblichen Berufsfeldern.

Natürlich muss auch die Betreuung vor Ort bedacht werden. Hier gilt es, Folgendes zu tun:

- Einzelcoachings bei Kulturschock und zur Begleitung in das neue Tätigkeitsfeld sowie zur Überprüfung der vorher herausgearbeiteten Bedürfnisse.

141

- Motivieren der Auslandsmitarbeiter und der mit ausreisenden Personen, in den ersten Wochen, vielleicht sogar Monaten »Interkulturelle Fettnäpfchen-Situationen« ihren Vorlieben nach (nach Vorgaben) zu dokumentieren. Schriftlich könnte diese als Short Stories, Critical-incident, künstlerisch als Foto, Film, Gemälde, Musikcollage etc. dargestellt werden.

Und schließlich sollte auch auf die Rückkehr intensiv eingegangen werden. Folgendes steht an:

- Vorbereitung auf die Reintegration durch Coaching und Analyse der gesuchten und vorhandenen Möglichkeiten im jeweiligen Heimatunternehmen.
- Interkulturelles Know-how reflektieren und in den Arbeitsbereich integrieren.

Interkulturelles Lernen durch Filme
Intercultural Teaching Trough Film

Situation – das Problem

Filme fördern interkulturelles Lernen, weil mit ihnen ein Produkt entsteht, das sowohl den Intellekt als auch die Emotionen anspricht. Berichte über andere Kulturen, Stereotypen oder unterschiedliche Kommunikationsmuster bleiben abstrakte Informationen, während Spots und Filme hautnah in das Geschehen einführen und neugierig auf weitere Informationen machen.

Die Überzeugungskraft von Filmen liegt im direkten Miterleben einer interkulturellen Situation in einem geschützten Umfeld: Filme oder Spots ermöglichen den Betrachtern, Stereotypen zu erkennen und zu verstehen. Sie zeigen den Unterschied von verbaler und vor allem nonverbaler Kommunikation mit dem weiteren Vorteil, dass sich diese einfach durch Zurückspulen wiederholen lassen.

Experten schätzen, dass unsere Kommunikation zu 50 bis 90 Prozent aus nonverbalem Verhalten besteht. Im Film lässt sich beobachten, wie Worte, Gesten, Gesichtsausdruck, Blickkontakt, Betonung, die Ausnutzung von Raum und Zeit, die Sprechgeschwindigkeit und -pausen mit einer Kultur verbunden sind. Durch das bloße Beobachten, was geschieht, wenn Menschen unterschiedlicher Kulturen miteinander umgehen, erhöht sich das Bewusstsein für mögliche Kommunikationsfallen und für Hindernisse.

Filme sind eine gute Gelegenheit, um in die Rolle einer anderen Person zu »schlüpfen«, als erster Schritt in Richtung Empathie, dem Mitgefühl und dem Verständnis für andere Gesichtspunkte, Emotionen oder Gedanken. Was heißt es, anders als die anderen zu sein, sei es durch Nationalität, Ethnie, Geschlecht, Alter, Klasse, Religion oder Ausbildung? Durch das Umsetzen von echten interkulturellen Begegnungen und Ereignissen wird interkulturelle Theorie erst lebendig. Darüber hinaus lassen Filme Raum für einen freien Austausch von Erfahrungen, indem über das Gesehene diskutiert wird, wo es indirekt um eigene Anschauungen sowie Probleme geht.

Ziel – die Problemlösung

Natürlich ist das Anschauen von Filmmaterial erst der Beginn eines Lernprozesses. Bei der Arbeit mit Filmen oder Spots ist wichtig, beim Betrachter die individuelle Notwendigkeit für das Lernen von interkulturellem Know-how herauszustellen. Dies gelingt in der Regel, wenn verständlich wird, dass das sonst »normale« eigene Verhalten in anderen kulturellen Zusammenhängen zu unerwarteten Reaktionen führen kann. Manager/innen werden üblicherweise geschult, jede Person auf gleiche Weise zu behandeln, zu motivieren, zu belobigen, zu befördern und zu bewerten. Jetzt sollen sie kulturelle Unterschiede respektieren lernen und verstehen, dass die Menschen zwar überall auf der Welt Menschen sind, aber dennoch entsprechend ihrer Andersartigkeit behandelt werden wollen.

Die Herstellung von Filmen und visuellem Material hat das Ziel, den Informationstransfer auf verschiedenen Ebenen zu fördern. Recherche und Umsetzung sind im günstigsten Fall auf die unternehmensspezifischen und individuellen Bedürfnisse ausgerichtet.

Möglichkeit – der Weg zur Problemlösung

Es können verschiedene visuelle Produkte erstellt werden, die sich natürlich unterschiedlich einsetzen lassen.

- Spots (fünf Minuten Länge) zu konkreten interkulturellen Themen wie beispielsweise
  - Verhandlungen in den unterschiedlichen Kulturen,
  - Arbeit in internationalen Teams (auch virtuelle Teams),
  - Begrüßungsrituale, Informationsaufnahme und deren Strukturierung innerhalb der jeweiligen kulturellen Normen,
  - Gast-Etikette.

144

Interkulturelles Know-how im Film

- unterstützt die Trainingsarbeit allgemein,
- setzt unternehmensinterne Standards,
- unterstützt die Arbeit der Abteilung nach innen und nach außen,
- dient als Bestandsaufnahme der interkulturellen Arbeit,
- macht interkulturelle Kompetenz und Know-how präsent,
- sensibilisiert Führungskräfte auf das Thema, informiert und motiviert,
- kann als Brückenschlag zu anderen Abteilungen eingesetzt werden,
- ist als Werbung intern und extern verwendbar,
- macht Lernerfahrungen der Mitarbeiter/innen für das Unternehmen nutzbar auch zur Vorbereitung von Auslandsaufenthalten anderer Personen,
- zeigt persönliches Wachstum durch Auslandserfahrung,
- erleichtert durch Wertschätzung der Mitarbeiter/innen deren Reintegrationsprozess (case studies),
- leistet einen Beitrag zur Lösung der Double-Career-Problematik.

- Kurzfilme (20 Minuten) zu interkulturellen Problemfeldern bei mehreren Kulturen über zum Beispiel
  - interkulturelle Teamentwicklung,
  - interkulturelle Aspekte in virtuellen Teams,
  - Kultur im Alltag: Kleidung, Begrüßung, Meeting, Verhandlung, Essen, Sauberkeit, Benimmregeln, Sprache, Umgang mit Zeit und Raum, Beziehung zu Natur und Umwelt etc.

Begleitmaterial zu den Filmen kann ebenso erstellt werden (learn kit) zum Beispiel als Hintergrundmaterial zum jeweiligen interkulturellen Kontext, als Bibliografie zu weiterführender Literatur, gegebenenfalls auch als Textvorlage des gesprochenen Dialoges oder Hinweise für Vor- und Nachbereitung beim Gebrauch in Trainings.

Weitere Produkte, die aus dem Recherchematerial erstellt werden können sind

- Geschenke,
- Pressematerial,
- Publikationen,
- Bücher sowie
- Bilder und Poster.

Die Arbeit mit Filmen oder Spots in interkulturellen Seminaren soll die Diskussion über gesehene Verhaltensfehler anregen und zeigen, wie diese korrigiert oder vermieden werden können. Eigene Kommunikationsmuster, Stereotypen und Vorannahmen über andere Kulturen können so auch sehr gut analysiert werden, und erste Signale, die auf das Entstehen eines Konfliktes hinweisen, können herausgearbeitet werden.

Rollenspiele intensivieren das Gesehene. Konstruktive Lösungen von gezeigten Konflikten können noch besser herausgearbeitet werden. Dies dient auch dem besseren Verständnis, wie solche Konflikte überhaupt erst möglich wurden.

Wichtig wäre auch ein weiterführendes Gespräch über das im Film oder im Spot Gesehene, um mögliche ethische Konflikte zwischen der Integrität gegenüber dem eigenen Auftrag und den Erwartungen einer anderen Kultur besser erkennen zu können.

 **Umsetzung: Recherche und Materialsammlung als Grundlage für Filmmaterial**

- Train-the-Trainer Workshop mit Brainstorming zur besseren Nutzung von Expatriate-Know-how.
- Informationssammlung durch qualitative Interviews von Expatriates.
- Erarbeitung von Filmskripts auf Grundlage des recherchierten Materials und Bedürfnis des Unternehmens.
- Erstellung von Basismaterial für Reintegrations-Seminare.

Anhang
Appendix

Resümee
Summary

Eine breit angelegte und systematisch durchgeführte Schulung zur interkulturellen Kompetenz eines global agierenden, internationalen Unternehmens,

- an der alle Mitarbeiter teilnehmen,
- sämtliche Aufgabenbereiche nach interkulturellen Aspekten überprüft werden,

ist eine ethische Aktion. Sie beeinflusst längerfristig die gesamte Organisationskultur positiv. Sie hat Auswirkung auf

- das Arbeitsklima im Unternehmen,
- die Moral der Arbeitnehmerinnen und Arbeitnehmer,
- das Image der Firma,
- das Vertrauen der Angestellten gegenüber dem Management,
- die Produktivität aller Mitarbeiter/innen,
- die Motivation und Dynamik der Entscheidungsträger (besonders derer, die Vorbild sein sollen),
- den Profit des Unternehmens.

Epilog
Epilogue

Kultur ist nicht statisch, was vor 100 Jahren als »typisch deutsch« galt, ist heute zum Teil überholt oder hat nicht mehr die gleiche Bedeutung. Normen und Werte verändern sich von Generation zu Generation. Dennoch gibt es Beschreibungen, denen wir entsprechen oder die von anderen an uns gesucht und geschätzt werden.

Den Deutschen wird oft nachgesagt, sie seien zum Beispiel

- pünktlich,
- fleißig,
- qualitätsbewusst,
- systematisch im Umgang mit Aufgaben.

Würde aber jemand behaupten, alle Deutsche seien pünktlich, wäre das ein Klischee. Wir leben alle mit Klischees, mit Stereotypen, die zu hinterfragen sind. Schätzungsweise weichen 20 bis 40 Prozent der Menschen von einer so genannten typischen kulturellen Verhaltensweise einer Gruppe ab.

Eine deutsche Person mag zu fast 100 Prozent der Kategorie »Pünktlichkeit« entsprechen, aber nur zu 60 Prozent ihre Aufgaben systematisch erledigen und somit in diesem Punkt eher zu einer anderen Kulturgruppe passen.

Culture is not static; it changes over time. What was typically German 100 years ago has changed or no longer has the same meaning today than it did then. Cultural norms and values change from generation to generation. Some stereotypes are true, whereas others are placed upon us by those who have simply accepted them without question. Here are some descriptions of Germans:

- punctual,
- hard-working,
- quality-conscious,
- systematic in their approach to tasks.

If someone were to say that all Germans were punctual, that would be a cliché. We all live with clichés and stereotypes that are not accurate. Approximately 20 to 40 percent of the members of a national culture do not possess a typical cultural characteristic.

A German might agree with up to 100 percent certainty that he fits the cultural characteristic »punctual«, but only up to 60 percent of his/her tasks are completed systematically. In this respect, he may fit better with another cultural group's characteristic than with his own«.

Wir alle haben eine Vorstellung dessen, was Fleiß bedeutet. Wenn also »Fleiß« in einer Familie einen geforderten und belohnten kulturellen Wert darstellt, kann es dennoch sein, dass eines der Kinder davon abweicht.

Plant eine Firma, Qualitätsstandards für alle und jedes Produkt zu setzen, wird sie nie die Sicherheit haben, dass alle Mitarbeiter/innen die vorgegebenen Qualitätsmerkmale verfolgen, schon gar nicht Personen, die in diesen kulturellen Kategorien nicht aufgewachsen sind.

Eine Gruppe deutscher Ingenieure behauptete kürzlich: »Die Inder sind bestimmt nicht unseren Arbeitsdruck gewohnt.« Sie meinten die acht Stunden, die sie täglich, manchmal sogar mit Überstunden, im Betrieb verbringen. Als »die Inder« schließlich ohne Murren mindestens zehn Stunden täglich blieben, war zu hören: »Du meine Güte, die legen ein Pensum vor!«

In einem anderen Seminar wurde gemunkelt: »Die Türken wollen bestimmt Fußball spielen«, als ob dieser Sport eine kulturelle Eigenschaft der Türken wäre. Als »die Türken« im deutschen Betrieb waren, war von Fußball keine Rede. Sie wollten eher spazieren gehen, private Kontakte zu den deutschen Kolleginnen und Kollegen haben oder andere Türken treffen.

Was ich sagen möchte ist:

- Wir leben mit Klischees, weil es so leichter ist, eine Gruppe zu beschreiben.
- Wir benutzen Stereotypen, weil wir uns keine Mühe geben, die Eigenheiten von Menschen genaucr zu beleuchten.
- Wir benötigen eine ethische Unternehmenskultur, damit der Wert von Anregungen (zum Beispiel vom Standpunkt der Arbeitnehmer/innen aus) erkannt und auch umgesetzt wird.
- Wir sollten uns für die Interkulturalisierung auf breiter Ebene einsetzen, damit wir miteinander menschenwürdiger umgehen können.

We all have an understanding of what »hard-working« means. When hard-working is valued and rewarded in a family, it often follows that one of their children will deviate from this.

If a company establishes quality standards for each of its products, it will never be able to ensure that all of its employees will follow the same original quality characteristics. It is especially difficult for those not raised with the cultural value of being »quality-conscious«.

A group of German engineers remarked recently: »The Indians are certainly not used to our high-pressure workstyle,« meaning an eight-hour workday often with overtime hours in the office. When the Indians remained at work for at least 10 hours a day without complaining, the German response was, »My God! They sure do work a lot!«

In another seminar the following comment was made: »The Turkish certainly like to play soccer,« as if the sport was a cultural characteristic of all Turks. When the Turks were at work in the German company, they were focused on things other than soccer. They preferred to go for a walk, have private contact with their German colleagues or meet other Turks.

What I am saying is:

- We live with clichés because it makes the job of describing a group easier.

- We use stereotypes because we are too lazy to observe and accurately describe the actual characteristics of cultural groups.
- We need an ethical company culture that recognizes the value of suggestions (such as employees' points of view) and then implements them.
- We need to extend knowledge on interculturalization so that we can be more human with one another.

Es gibt immer Abweichungen von kulturellen Standards und Abweichler. Gäbe es sie nicht, gäbe es keinen »kreativen Ungehorsam«, sagt Rupert Lay, keine Querdenker, die Veränderungen anregen und mittragen.

There will always be cultural standards, which become outdated or lose their accuracy as well as people who deviate from them. If there weren't, there would be no »creative disobedience« as Rupert Lay says. Without it, no one would think differently or creatively.

Handle stets so, dass du durch dein Handeln eigenes und fremdes Leben eher mehrst als minderst.

Rupert Lay

Act in a way that through your actions you expand your knowledge and awareness of yourself and others rather than reduce it.

Rupert Lay

Literatur
Bibliographie

Adler, N. J.: International Organizational Behavior. South-Western Collage Publishing, Ohio, 4th edition 2001

Bennett, Milton J.D.: Developing Intercultural Competence for Global Leadership. In: Reineke/Fuddinger (Hrsg.): Interkulturelles Management. Konzepte, Beratung, Training. Gabler, Wiesbaden 2001

Berninghausen, J./Hecht-El Minshawi, B./Signum GmbH: Trainingsleitfaden Interkulturelle Managementkompetenz. Landesamt für Entwicklungszusammenarbeit, Bremen 2003

Breidenbach, J./Zukrigl, I.: Parallele Modernen. Kampf der Kulturen oder McWorld? Societät, Frankfurt am Main 2000

Breidenbach, J./Nyíri, P.: Kulturelle Kompetenz im Wochenendseminar. In: Zeitschrift für Organisationsentwicklung, Heft 4/01 2001

Brislin, R.: Understanding Culture's Influence on Behavior. Harcourt College Publishers, Orlando 2000

Bolten, J.: Interkulturelle Kompetenz. Perspektiven für die internationale Personalentwicklung. SIB-Kongress, Bremen 2006

EIDI – Cherbosque, J./Gardenswartz, L./Rowe, A.: Emotional Intelligence and Diversity. Affirmative Introspection – Self-Governance – Intercultural Literacy – Social Architecting. e/i/d/i, Los Angeles 2005

Gesteland, R. R.: Cross-cultural Business Behavior: Marketing, Negotiating and Managing Across Cultures. Business School Press, Copenhagen 1999

Hall, E.: Monochronic and Polychronic Time. In: Samovar, L.A./Porter, R.E.: Intercultural Communication. Wadsworth Publishing USA 1991

Hampden-Turner, Ch./Trompenaars, F.: Building Cross-Cultural Competence: How to Create Wealth from Conflicting Values. John Wiley, New York 2000

Hecht-El Minshawi, B.: Other Countries. Other Customs. Dialog, Köln 1/1996

Hecht-El Minshawi, B.: Schönes Land – armes Land. Viet Nam im Aufbruch. Donat Verlag, Bremen 1996

Hecht-El Minshawi, B.: Zu Gast in Indien/Fettnäpfchen und wie man sie vermeidet. Fischer, Frankfurt am Main 1998

Hecht-El Minshawi, B.: Grenzenlose Kommunikation - Grenzen interkulturellen Verstehens. Süddeutsche Zeitung Personnel, München 2001

Hecht-El Minshawi, B.: Managing Cultural Diversity. Interkulturelle Kompetenz für pluralistische Belegschaften, IHK, Lübeck 2004

Hecht-El Minshawi, B./Kehl-Bodrogi, K.: Muslime in Beruf und Alltag verstehen. Business zwischen Orient und Okzident. Beltz, Weinheim und Basel 2004

Hecht-El Minshawi, B.: Wenn eine/r eine Reise tut ... Reisemedizinisches Zentrum. Hamburg 2005

Hecht-El Minshawi, B.: Management kultureller Vielfalt. Herausforderung für Menschen und Organisationen. Gonimos, Neidlingen 2005

Hecht-El Minshawi, B./Müller, S./Gillner, P.: Managing Cultural Diversity in Bremen und Bremerhaven, Bremen 2005

Hecht-El Minshawi, B./Engel, J.: Leben in kultureller Vielfalt. Managing Cultural Diversity, Kellner-Verlag, Bremen/Boston 2006

Hecht-El Minshawi, B.: Wirtschaftswunder in der Wüste. Strategien für langfristigen Erfolg in den Golfstaaten. Redline Wirtschaft, Heidelberg 2007

Hecht-El Minshawi, B./Berninghausen, J.: Interkulturelle Kompetenz. Managing Cultural Diversity. Trainingshandbuch, IKO, Frankfurt am Main 2007

Hecht-El Minshawi, B./Berninghausen, J./Hartwig, S.: Diversity-Kompetenz durch Auditierung. Kultur – Struktur – Strategie. IKO, Frankfurt am Main 2007

Hecht-El Minshawi, B.: Profit durch Diversity-Kompetenz, 4 Beiträge in: Personal.Manager, I, II, III, IV/2007

Hecht-El Minshawi, B.: Business Know-How Golfstaaten. So wird Ihre Geschäftsreise zum Erfolg, Redline Wirtschaft, Heidelberg 2008

Hecht-El Minshawi, B. In: Berninghausen, J./Kuenzer, V. (Hrsg): Wirtschaft als interkulturelle Herausforderung. Business across cultures, Studien zum Interkulturellen Management Band I, IKO, Frankfurt am Main 2007

Hecht-El Minshawi, B.: Diversity Management und Interkulturelle Kompetenz, Lektion 3. In: Interkulturelles Management. Souverän und erfolg-reich im internationalen Geschäft! Management Circle, 2008

Hecht-El Minshawi, B./Szodruck, M.: Weltweit arbeiten. So wird Ihr Auslandsaufenthalt erfolgreich. Redline Wirtschaft, Heidelberg 2008

Hofstede, G.: Lokales Denken, globales Handeln. Interkulturelle Zusammenarbeit und globales Management. dtv/Beck, München 1997

Hofstede, G.: Culture's Consequences, International differences in work-related values. Sage, London 1980/2001

Kumbier, D./Schulz v. Thun, F. (Hrsg.): Interkulturelle Kommunikation: Methoden, Modelle, Beispiele. Rowohlt, Reinbek 2006

Lewis, R. D.: When Cultures Collide – Managing successfully across cultures, Nicholas Brealey Publishing, Great Britan 1996

Lewis, R. D.: Handbuch Internationale Kompetenz, Campus, Frankfurt am Main/New York 2000

Moosmüller, A.: Die Schwierigkeit mit dem Kulturbegriff in der Interkulturellen Kommunikation. In: Alsheimer,R./Moosmüller, A./Roth, K: Lokale Kulturen in einer globalisierenden Welt, Perspektiven auf interkulturelle Spannungsfelder. Waxmann, Münster, München, New York 2000

Schroll-Machl, S.: Die Deutschen - Wir Deutsche. Fremdwahrnehmung und Selbstsicht im Berufsleben, Göttingen 2002

Sen, A.: Die Identitätsfalle. Warum es keinem Krieg der Kulturen gibt, C.H. Beck-Verlag, München 2007

Trompenaars, A.: Riding the Waves of Culture: Understanding Cultural Diversity in Global Business. McGraw-Hill, New York, Second Edition 1998

Interkulturelle Kompetenz
Intercultural Competence

 interkultur

**Dr. Béatrice Hecht-El Minshawi
& Partnerinnen**

Unser Engagement ist vielseitig und auf die kulturelle Vielfalt in Organisationen gerichtet. Wir wissen, worüber wir reden, denn wir haben in verschiedenen Ländern gelebt, gearbeitet und geforscht. Unsere Stärke ist die schnelle Umsetzung Ihrer Wünsche durch flexible Angebote und Teamkonstellationen.

Our work is focused on diversity in organizations. We know what we are talking about as we have lived, worked and researched in many different countries. Our strength is to react quickly to your wishes by means of flexible training modules and adaptable teams.

Sind Sie interessiert, dann wenden Sie sich bitte an:
Are you interested please contact:

Dr. Béatrice Hecht-El Minshawi
Sielwall 67, D-28203 Bremen
Tel.: +49-(0)421-700402 / Fax: +49-(0)421-700415
E-Mail: B.Hecht@interkultur.info
www.interkultur.info

Chancen
Opportunities

Ziele

Eine konstruktive und erfolgreiche internationale Kooperation setzt eine entsprechende Vorbereitung und Sensibilisierung für fremde Länder und Kulturen voraus. Unser Ziel ist

- Individuen und Organisationen im »Managing Cultural Diversity« zu beraten und zu begleiten,
- die Handlungskompetenz von Personen in interkulturellen Arbeits- und Lebenssituationen zu stärken und zu erweitern,
- auf gewohnte Denk- und Verhaltensweisen und eingefahrene Organisationsstrukturen verändernd einzuwirken.

Goals

A cultural sensitive preparation for foreign countries and cultures is necessary for successful international cooperation. Our goals are

- to consult individuals and organizations during the process of transitioning into an intercultural mode of thinking,
- to strengthen and expand the competencies of people living and working in an intercultural context,
- to sensitively manage change in thinking and behaviour patterns and organizational structures.

Angebote

Beratung/Begleitung von Diversity-Maßnahmen in Unternehmen:
- Analyse der Situation und der Bedingungen.
- Empfehlungen, Durchführung eines Diversity-Management.
Coaching und Training für Einzelpersonen und Teams:
- Auslandsvorbereitung.
- Integration internationaler Mitarbeiterinnen und Mitarbeiter.
- Organisations- und Teamentwicklung im Diversity-Kontext.
- Interkulturelles Einzelcoaching, auch mit Partnerin bzw. Partner oder Familie.
- Beratung in der Personalauswahl und Personalqualifizierung.,

- Interkulturelles Konfliktmanagement.
- Mediation für Einzelpersonen und Gruppen.

Offers

Consultancy/guidance concerning diversity measures in companies:
- Analyzing the situation, the terms and the conditions,
- Making recommendations and implementing diversity management.

Major themes for training individuals and teams:
- Preparation for overseas postings.
- Integration international employees.
- Organizational and team development in the diversity context.
- Intercultural sensitisation for individuals (including families).
- Recruitment and staff development.
- Cross-cultural conflict management.
- Intercultural mediation for individuals and groups.

Länder

- Afrika: Nordafrika/Maghreb, Südliches Afrika, Westafrika
- Arabien: Ägypten, Golfstaaten/VAE, Palästina, Saudi-Arabien
- Asien: Indien, Indonesien, Iran, Malaysia, Singapur, Vietnam
- Australien und Neuseeland
- Europa: Deutschland, Frankreich, Großbritannien, Irland, Osteuropa, Portugal, Spanien, Türkei, Ungarn
- Nordamerika: Kanada, USA

Countries

- Africa: Northern Africa/Maghreb, Southern Africa, Western Africa
- Arabia: Egypt, Golf region/UAE, Palestine, Saudi Arabia
- Asia: India, Indonesia, Iran, Malaysia, Singapore, Vietnam
- Australia and New Zealand
- Europe: Germany, France, UK, Ireland, Eastern Europe, Portugal, Spain, Turkey, Hungary
- North America: Canada, USA

Stichwortverzeichnis
Index

Index